赤龙湖国家湿地公园

植物彩色图谱

主编　董元火　胡文中　廖廓

编委　董元火　胡文中　廖廓　雷刚　操昕

　　　李剑林　张凯胜

摄影　董元火（江汉大学）

　　　廖　廓（中国科学院武汉植物园）

華中科技大學出版社

http://www.hustp.com

中国·武汉

内容简介

本书系统介绍了位于李时珍故里的湖北赤龙湖国家湿地公园植物的物种多样性，并配以作者近年来拍摄的第一手精美照片，图文并茂，为湿地生物多样性的保护与利用提供了基础资料。同时，本书也是一本采用彩图比较系统地介绍医圣李时珍故里蕲春县的植物，特别是药用植物的著作，也是集科研和科学普及教育于一体的专著。

全书植物累计达 154 科 606 种，其中包括国家二级重点保护植物，如水蕨、粗梗水蕨、野大豆、杜仲、野菱、莲、香樟等。每个物种的文字描述包括中文名称、拉丁文学名、科属分类、别名、形态特征、生境与分布、主要用途等七个部分。全书大部分物种配有花、果实照片，便于人们的识别，体现了科学性、观赏性和科普性。

本书可供从事生物多样性保护、湿地保护与管理、药用资源保护与利用的相关工作人员使用，对广大植物爱好者也具有参考价值。

图书在版编目(CIP)数据

赤龙湖国家湿地公园植物彩色图谱/董元火，胡文中，廖廓主编. —武汉：华中科技大学出版社，2015.7
ISBN 978-7-5680-1072-6

Ⅰ.①赤… Ⅱ.①董… ②胡… ③廖… Ⅲ.①沼泽化地-国家公园-植物-蕲春县-图谱
Ⅳ.①Q948.526.34-64

中国版本图书馆 CIP 数据核字(2015)第 169968 号

赤龙湖国家湿地公园植物彩色图谱　　董元火　胡文中　廖廓　主编

策划编辑：罗　伟
责任编辑：罗　伟
封面设计：原色设计
责任校对：张会军
责任监印：周治超
出版发行：华中科技大学出版社(中国·武汉)
武昌喻家山　邮编：430074　电话：(027)81321913
录　排：华中科技大学惠友文印中心
印　刷：湖北恒泰印务有限公司
开　本：787mm×1092mm　1/16
印　张：21.5
字　数：600 千字
版　次：2015 年 11 月第 1 版第 1 次印刷
定　价：188.00 元

本书若有印装质量问题，请向出版社营销中心调换
全国免费服务热线：400-6679-118　竭诚为您服务

赤龍湖

陳新亞書

▶ 赤龙湖全景

▶ 赤龙湖国家湿地公园影视城

▶ 赤龙湖湿地掠影

序　言

湖北赤龙湖国家湿地公园，位于我国明代伟大的医药学家李时珍的故里——蕲春县，这里生态优美、气候温和，不但拥有丰富的野生动植物资源、药用动植物资源和湿地资源，而且具有历史悠久的李时珍医药文化。

开展赤龙湖国家湿地公园生物多样性科学考察，是实现把赤龙湖打造为集湿地生态保护、健康文化旅游、两型社会示范于一身的长江流域最具特色的国家湿地公园的目标和落实“十八大”提出的生态文明建设任务的迫切要求。本书的出版正是这一工作的具体体现。

《赤龙湖国家湿地公园植物彩色图谱》一书是作者近几年野外考察和标本整理后编写而成的著作。书中记载的植物达 154 科 606 种，其中包括国家二级重点保护植物，如水蕨、粗梗水蕨、野大豆、杜仲、野菱、莲、香樟等，以及蕲春地区一些特色植物。本书内容丰富，介绍了植物的科属分类、生物学特征、地理分布和药用价值等，并附有清晰的彩色照片，精美直观，利于识别，具有很强的科学性、观赏性和科普性。可以说，该书既反映了地方植物特色，又在一定程度上体现了鄂东地区和大别山地区丰富的植物资源，不仅为湿地公园开展湿地保护与开发提供了基础资料，也为鉴定鄂东和大别山地区植物提供了借鉴。同时，为蕲春的药用植物资源保护及综合开发利用提供了科学依据，对弘扬李时珍医药文化将起到有力的推动作用。

王青锋

中国科学院研究员

2015 年 6 月于中国科学院武汉植物园

前　　言

湿地公园（Wetland Park）是以具有显著或特殊生态、文化、美学和生物多样性价值的湿地景观为主体，具有一定规模和范围，以保护湿地生态系统完整性、维护湿地生态过程和生态服务功能并在此基础上以充分发挥湿地的多种功能效益、开展湿地合理利用为宗旨，可供公众游览、休闲或进行科学、文化和教育活动的特定湿地区域。湿地公园是国家湿地保护体系的重要组成部分，与湿地自然保护区、保护小区、湿地野生动植物保护栖息地以及湿地多用途管理区等共同构成了湿地保护管理体系。

赤龙湖国家湿地公园，就像一条美丽的巨龙静卧在蕲春南部，是"千湖之省"湖北的大型通江湖泊，与长江血脉相连，是天然湖泊湿地、永久性河流湿地与人工鱼塘湿地交混的复合湿地系统，被列为国家重点建设湿地公园。公园包括湿地保育区、恢复重建区、宣教展示区、管理服务区、合理利用区五个功能区。

赤龙湖国家湿地公园的"三多"远近闻名：半岛多——280多个半岛星罗棋布于静谧的湖泊中，姿态万千，环湖岸线蜿蜒曲折，一步一景，2014年被评为湖北省"十大最美湖泊"；名人多——医圣李时珍、文学家胡风出生在赤龙湖边，吴承恩在这美丽的湖畔写就了千古名著《西游记》；物种多——赤龙湖有国家Ⅰ级重点保护动物4种，国家Ⅱ级重点保护动物27种，有国家二级保护野生植物7种，是东北亚地区越冬候鸟的重要栖息地，是国家级水产种质资源保护区，《本草纲目》记载的1892种中药材中赤龙湖地区就有260多种。

为了更好地落实"生态优先、科学恢复、合理利用、持续发展"的国家湿地公园建设方针，将赤龙湖国家湿地公园打造为融湿地文化、健康文化、农耕文化于一体，集湿地生态保护、健康文化旅游、两型社会示范于一身的长江流域最具特色的国家湿地公园，摸清湿地公园生物多样性的家底是必需和迫切的。为此，赤龙湖国家湿地公园在初建之时就立即着手开展了湿地公园生物多样性科学考察工作，本书的出版正是这一工作成果的具体体现。

本书系统介绍了赤龙湖国家湿地公园植物的物种多样性，并配以作者近年来拍摄的第一手精美照片，图文并茂，为湿地生物多样性的保护与利用提供了基础资料。同时，本书也是一本采用植物彩图比较系统地介绍赤龙湖地区的植物，特别是药用植物的著作，也是集科研和科普教育于一体的专著。

全书累计记载的植物达154科606种，其中包括多种国家二级重点保护植物，如水蕨、粗梗水蕨、野大豆、杜仲、野菱、莲、香樟等，以及被誉为蕲春四宝（蕲蛇、蕲龟、蕲竹、蕲艾）中的二宝——蕲竹和蕲艾，蕲春以"水隈多蕲菜（水芹菜）"得名的水芹菜和黄冈特产"佛手山药（薯蓣）"。本书所介绍的植物分为蕨类植物、裸子植物、双子叶植物和单子叶植物四个大类群，每个类群下面按照不同的科属排列，书中科的编排：蕨类植物采用秦仁昌系统，裸子植物采用郑万钧系统，被子植物采用恩格勒系统。物种的中文名和拉丁名以最新修订的《中国植物志》英文版（*Flora of China*）为标准。每个物种的文字描述包括中文名称、拉丁文学名、科属分类、别名、形态特征、生境与分布、主要用途等七个部分。全书选配了六百余幅彩色照片，大部分物种配有花和果实照片，精美而直观，便于识别，体现了科学性、观赏性和科普性。

本书可供湿地保护与管理、药用资源保护与利用以及相关工作的人员使用，对从事生物多样性保护、湿地公园管理与服务、湿地生态保护与修复、环境评价、药用资源保护与开发的工作人员以及广大植物爱好者等都具有重要的参考价值。

赤龙湖国家湿地公园植物资源科学考察和本书的出版一直得到了湖北省林业厅相关领导和主管部门以及中共蕲春县委、县政府的大力支持。

中国科学院武汉植物园王青锋研究员在本书编写过程中提供了悉心指导和大力帮助，并为本书作序。中国科学院武汉植物园胡光万研究员，刘凡和周亚东等博士，江汉大学生命科学学院魏能、高威、蒿飞、雷先璐、张善龙、彭缔豪、欧宁、吴思等参与了野外调查和资料收集。在野外科学考察过程中，自始至终得到了赤龙湖国家湿地公园管理处的鼎力支持。在此一并表示衷心感谢。

同时，感谢中国书法家协会理事及中国书协草书委员会委员陈新亚为本书题字。

本书的出版得到了赤龙湖国家湿地公园生态保护和修复项目以及国家自然科学基金面上项目（31200170）的资助。

由于编者水平有限，书中难免有错误和不当之处，恳请大家批评指正。

编　者

2015 年 5 月于江汉大学

目　录

蕨类植物 Pteridophyte

裸子植物 Gymnospermae

双子叶植物 Dicotyledoneae

单子叶植物 Monocotyledoneae

蕨类植物

石松科 Lycopodiaceae

石松 *Lycopodium japonicum*

科属 石松科石松属

别名 寸金草、过山龙、金腰带、蜈蚣七

形态特征：多年生土生植物，匍匐茎地上生，细长横走，2~3 回分叉。侧枝直立，高达 40 cm，多回二叉分枝；叶螺旋状排列，草质；孢子囊穗 (3)4~8 个集生于长达 30 cm 的总柄；孢子囊穗直立；孢子叶阔卵形，纸质；孢子囊生于孢子叶腋，圆肾形。

生境与分布：生于海拔 100~3300 m 的林下、灌丛下、草坡、路边或岩石上。产于全国除东北、华北以外的其他各省区，日本、印度、缅甸、不丹、尼泊尔、越南、老挝、柬埔寨及南亚诸国有分布。

主要用途：具祛风活络、镇痛消肿、调经功效，主治风寒湿痹、四肢麻木、跌打损伤、月经不调、外伤出血。观赏价值高。石松的根状茎富含淀粉，可食，也可酿酒。

卷柏科 Selaginellaceae

翠云草 *Selaginella uncinata*

科属 卷柏科卷柏属

别名 龙须、蓝草、蓝地柏、绿绒草

形态特征：土生，主茎先直立而后攀缘状，长 50~100 cm 或更长。主茎自近基部羽状分枝，不呈“之”字形，侧枝 5~8 对；叶全部交互排列，二形；孢子叶穗紧密，四棱柱形，单生于小枝末端；孢子叶一形，卵状三角形；大孢子叶分布于孢子叶穗下部的下侧或中部的下侧或上部的下侧。

生境与分布：生于林下，海拔 50~1200 m。中国特有，产于安徽、重庆、福建、广东、广西、贵州、湖北、湖南、江西、四川、陕西、云南（贡山）、浙江，其他国家也有栽培。

主要用途：具有清热解毒、利湿通络、化痰止咳、止血的功效，主治黄疸、痢疾、高热惊厥、胆囊炎、水肿、泄泻、吐血、便血、风湿关节痛、乳痈、烧烫伤。

木贼科 Equisetaceae

问荆 *Equisetum arvense*

科属 木贼科木贼属

别名 接续草、空心草、节节草、接骨草

形态特征：地上茎直立，二型；营养茎在孢子茎枯萎后生出，高 15~60 cm，有棱脊 6~15 条。叶退化，下部联合成鞘，鞘齿披针形，黑色，边缘灰白色，膜质；分枝轮生，中实，有棱脊 3~4 条，单一或再分枝；孢子茎早春先发，常为紫褐色，肉质，不分枝，鞘长而大；孢子囊穗顶生，钝头；孢子叶六角形，盾状着生，螺旋状排列，边缘着生长形孢子囊。和本种相近的有草问荆 *E. pratense* 和犬问荆 *E. palustre*，前者孢子茎有绿色轮生分枝，后者孢子茎绿色，和营养茎同时生出。

生境与分布：生于田边、沟旁，海拔 600~2300 m。分布于东北、华北，山东、湖北、四川、贵州、新疆和西藏等地。

主要用途：全草有利尿、止血、清热止咳的功效。对牲畜有毒，不宜作草料。

笔管草 *Equisetum ramosissimum* subsp. *debile*

科属 木贼科木贼属

别名 大节谷草、台湾木贼、木贼

形态特征：根茎直立和横走，黑棕色，节和根密生黄棕色长毛或光滑无毛；地上枝多年生，一型；高可达 60 cm 或更多，节间长 3~10 cm，绿色，成熟主枝有分枝，但分枝常不多；主枝有脊 10~20 条，脊的背部弧形。

生境与分布：我国大部分地区有分布，日本、印度、锡金、尼泊尔、缅甸等也有分布。

主要用途：有疏风止泪退翳、清热利尿、祛痰止咳之功效，主治目赤肿痛、角膜云翳、肝炎、咳嗽、支气管炎、泌尿系统感染。

紫萁科 Osmundaceae

紫萁 *Osmunda japonica*

科属 紫萁科紫萁属

别名 薇菜、紫蕨、紫萁贯众

形态特征：植株高 50~80 cm 或更高。叶簇生，直立；叶片为三角广卵形，顶部一回羽状，其下为二回羽状；羽片 3~5 对，对生，奇数羽状；叶纸质；孢子叶同营养叶等高，或经常稍高，沿中肋两侧背面密生孢子囊。

生境与分布：生于林下或溪边酸性土上。为我国暖温带、亚热带最常见的一种蕨类，也广泛分布于日本、朝鲜、印度（北部）。

主要用途：具清热解毒、止血的功效，主治痢疾、崩漏、白带。紫萁提取物对驱除人体肠蠕虫有较好疗效。嫩叶可食。

海金沙科 Lygodiaceae

海金沙 *Lygodium japonicum*

科属 海金沙科海金沙属

别名 左转藤灰、铁蜈蚣、金砂截、罗网藤

形态特征：植株高攀达 1~4 m。叶轴上面有两条狭边，羽片多数，对生于叶轴上的短距两侧；不育羽片尖三角形；能育羽片卵状三角形，或长稍过于宽，二回羽状；孢子囊穗暗褐色。

生境与分布：产于江苏、浙江、安徽（南部）、福建、台湾、广东、香港、广西、湖南、贵州、四川、云南、陕西（南部）。

主要用途：有清热利湿、通淋止痛的功效，主治热淋、砂淋、石淋、血淋、膏淋、尿道涩痛。

里白科 Gleicheniaceae

芒萁 *Dicranopteris pedata*

科属 里白科芒萁属

别名 铁狼萁、铁蕨鸡、芒萁草、山芒

形态特征：植株通常高 45~90（120）cm。叶远生，柄长 24~56 cm，棕禾秆色；叶轴一至二（三）回二叉分枝；叶纸质；孢子囊群圆形，一列，着生于基部上侧或上下两侧小脉的弯弓处，由 5~8 个孢子囊组成。

生境与分布：生于强酸性土的荒坡或林缘，在森林砍伐后或放荒后的坡地上常成为优势的中草群落。我国主要产于江苏（南部）、浙江、江西、安徽、湖北、湖南、贵州、四川、福建、台湾、广东、香港、广西、云南，日本、印度、越南也有分布。

主要用途：酸性土壤指示植物。

鳞始蕨科 Lindsaeaceae

乌蕨 *Odontosoria chinensis*

科属 鳞始蕨科乌蕨属

别名 乌韭

形态特征：植株高达 65 cm。叶近生，叶柄长达 25 cm；叶片披针形，长 20~40 cm，宽 5~12 cm，四回羽状；羽片 15~20 对，互生；叶坚草质，干后棕褐色；孢子囊群边缘着生；囊群盖灰棕色，革质，宿存。

生境与分布：生于海拔 200~1900 m 林下或灌丛中阴湿地。产于浙江南部、福建、台湾、安徽（南部）、江西、广东、海南、香港、广西、湖南、湖北、四川、贵州及云南。

主要用途：药用，有观赏价值，也可提取红色染料。

凤尾蕨科 Pteridaceae

蕨 *Pteridium aquilinum* var. *latiusculum*

科属 凤尾蕨科蕨属

别名 蕨菜、如意菜、狼萁

形态特征：大型多年生草本，土生。叶幼时拳卷，叶片轮廓三角形至广披针形，为二至四回羽状复叶，长 60~150 cm，宽 30~60 cm，革质；孢子囊棕黄色，在小羽片或裂片背面边缘集生成线形孢子囊群，被囊群盖和叶缘背卷所形成的膜质假囊群盖双层遮盖。

生境与分布：生于海拔 200 m 以上的山坡、荒地、林下、林缘向阳处。分布于世界各地。

主要用途：有清热利湿、消肿、安神的功效，主治发热、痢疾、湿热黄疸、高血压病、头昏失眠、风湿性关节炎、白带、痔疮、脱肛。蕨茎嫩时作蔬菜，味道甘美。

井栏边草 *Pteris multifida*

科属 凤尾蕨科凤尾蕨属

别名 凤尾草、井口边草、山鸡尾

形态特征：多年生草本，高 30~70 cm，根状茎粗壮，直立。叶二型，丛生；叶柄长 5~25 cm；生孢子囊的能育叶片卵形，一回羽状，沿羽片下面边缘着生孢子囊群；孢子囊群线形，膜质；不生孢子囊群的羽片或小羽片均较宽，线形或卵圆形，边缘有不整齐的尖锯齿。

生境与分布：常生于海拔 1000 m 以下的阴湿墙脚、井边和石灰岩石上。分布于河北、河南、山东、安徽、江苏、浙江、湖南、湖北、江西、福建、台湾、广东、广西、贵州和四川等省区。

主要用途：全草可入药，有清热利湿、解毒、凉血、收敛、止血、止痢的功效。园林植物。钙质土指示植物。

中国蕨科 Sinopteridaceae

野雉尾金粉蕨 *Onychium japonicum*

科属 中华蕨科金粉蕨属

别名 中华金粉蕨、野鸡尾、日本乌蕨

形态特征：植株高 60 cm 左右。叶散生；羽片 12~15 对，互生；不育裂片仅有中脉一条，能育裂片有斜上侧脉和叶缘的边脉汇合；叶干后坚草质或纸质，灰绿色或绿色；囊群盖线形或短长圆形，膜质，灰白色，全缘。

生境与分布：生于海拔 50~2200 m 的林下沟边或溪边石上。广泛分布于华东、华中、东南及西南，向北达陕西、河南、河北（西部），也分布于日本、菲律宾、印度尼西亚及波利尼西亚。

主要用途：清热解毒。主治感冒高热、肠炎、痢疾、小便不利。观叶植物。

水蕨科 Parkeriaceae

粗梗水蕨 *Ceratopteris pteridoides*

科属 水蕨科水蕨属

别名 水松草

形态特征：通常漂浮，植株高 20~30 cm。叶柄、叶轴与下部羽片的基部均显著膨胀成圆柱形；叶二型；不育叶为深裂的单叶，叶片卵状三角形；能育叶幼嫩时绿色，成熟时棕色；叶片长 15~30 cm，阔三角形；孢子囊沿主脉两侧的小脉着生，幼时为反卷的叶缘所覆盖，成熟时张开。

生境与分布：常浮生于沼泽、河沟和水塘。产于安徽、湖北、江苏、江西、福建等地，也分布于东南亚和美洲。

主要用途：国家二级重点保护植物。茎叶入药可治胎毒，消痰积；嫩叶可作蔬菜。植株美观，园林常作观赏。

水蕨 *Ceratopteris thalictroides*

科属 水蕨科水蕨属

别名 水松草、水铁树、龙须菜

形态特征：一年生草本，高可达 70 cm。叶二型；不育叶的叶片直立或幼时漂浮，二至四回羽状深裂，裂片 5~8 对，互生；能育叶的叶片长圆形或卵状三角形，长 15~40 cm，宽 10~22 cm，二至三回羽状深裂；孢子囊沿能育叶的裂片主脉两侧的网眼着生；孢子四面体形。

生境与分布：生于池沼、水田或水沟的淤泥中，有时漂浮于深水面上。产于广东、台湾、福建、江西、浙江、山东、江苏、安徽、湖北、四川、广西、云南等省区。

主要用途：国家二级重点保护植物。有散瘀拔毒、镇咳化痰、止痢、消积、止血、解毒的功效，主治腹中痞积、痢疾、胎毒、跌打损伤、疮疖、咳嗽、淋浊、外伤出血。绿化植物，也可盆植供室内欣赏。嫩叶可作菜肴。

铁角蕨科 Aspleniaceae

铁角蕨 *Asplenium trichomanes*

科属 铁角蕨科铁角蕨属

别名 石林珠

形态特征：多年生草本。叶簇生；一回羽状复叶，线状披针形；羽片疏生，20对左右，斜卵形或扇状椭圆形，前缘有细齿，基部广楔形；叶稍草质；孢子囊群线形，每羽片上有 6~8 枚，与中脉略成斜交，囊群盖同形。

生境与分布：生于林下山谷中的岩石上或石缝中，海拔 400~3400 m。广布于长江以南各省区，北到河南、山西、陕西和新疆。

主要用途：栽培观赏。有清热解毒、收敛止血、补肾调经、散瘀利湿的功效，主治小儿高热惊风、阴虚盗汗、痢疾、月经不调、带下病、淋浊、胃溃疡、烧烫伤、疮疖肿毒、外伤出血。

金星蕨科 Thelypteridaceae

渐尖毛蕨 *Cyclosorus acuminatus*

科属 金星蕨科毛蕨属

别名 尖羽毛蕨、叶凤凰尾巴草、黑舒筋

形态特征：植株高 70~80 cm。叶二列远生；叶柄长 30~42 cm，褐色，无鳞片；叶片长 40~45 cm，二回羽裂；羽片 13~18 对，互生，或基部的对生；叶坚纸质，羽轴下面疏被针状毛；孢子囊群圆形，生于侧脉中部以上，每裂片 5~8 对；囊群盖大，深棕色或棕色，密生短柔毛，宿存。

生境与分布：生于海拔 100~1200 m 的田边、路旁或林下溪谷边。分布于长江以南各地，东至台湾，北至陕西（南部）。

主要用途：有清热解毒、祛风除湿、健脾的功效，主治泄泻、痢疾、热淋、咽喉肿痛、风湿痹痛、小儿疳积、狂犬咬伤、烧烫伤。

延羽卵果蕨 *Phegopteris decursive-pinnata*

科属 金星蕨科卵果蕨属

别名 狭叶金星蕨、短柄卵果蕨、翅轴假金星蕨

形态特征：植株高 30~60 cm。叶簇生；叶柄长 10~25 cm，淡禾秆色；叶片长 20~50 cm，披针形，二回羽裂，或一回羽状而边缘具粗齿；羽片 20~30 对，互生；叶草质，沿叶轴、羽轴和叶脉两面被灰白色的单细胞针状短毛；孢子囊群近圆形，背生于侧脉的近顶端，每裂片 2~3 对。

生境与分布：生于海拔 50~2000 m 的冲积平原和丘陵低山区的河沟两岸或路边林下。广布于我国亚热带地区，日本、韩国（南部）和越南（北部）也有分布。

主要用途：有利湿消肿、收敛解毒的功效，主治水湿膨胀、疖毒溃烂、久不收口。

乌毛蕨科 Blechnaceae

狗脊 *Woodwardia japonica*

科属 乌毛蕨科狗脊蕨属

别名 百枚、大贯众、凤凰尾

形态特征：植株高 (50) 80~120 cm。鳞片披针形或线状披针形；叶近生；叶片长卵形，二回羽裂；孢子囊群线形，挺直，着生于主脉两侧的狭长网眼上，有时也生于羽轴两侧的狭长网眼上，不连续，呈单行排列；囊群盖，棕褐色，成熟时开向主脉或羽轴，宿存。

生境与分布：生于疏林下。广布于长江流域以南各省区，也分布于朝鲜南部和日本。

主要用途：有镇痛、利尿及强壮的功效。根状茎富含淀粉，可酿酒，亦可作土农药，防治蚜虫及红蜘蛛。

鳞毛蕨科 Dryopteridaceae

贯众 *Cyrtomium fortunei*

科属 鳞毛蕨科贯众属

别名 小贯众、昏鸡头、小金鸡尾

形态特征： 多年生草本，植株高 25~50 cm。叶簇生，纸质，两面光滑；叶轴腹面有浅纵沟，疏生披针形及线形棕色鳞片；叶片矩圆披针形，奇数一回羽状；侧生羽片 7~16 对，互生；孢子囊群遍布羽片背面；囊群盖圆形，盾状。

生境与分布： 生于海拔 2400 m 以下的山坡林下、溪沟边、石缝中、墙脚边等阴湿地区。产于我国大部分地区。

主要用途： 有清热解毒、止血的功效，主治感冒发热、痢疾、湿热、疮疡、便血、尿血、月经过多、刀伤出血、蛔虫、蛲虫、绦虫、人工流产、产后出血。

阔鳞鳞毛蕨 *Dryopteris championii*

科属 鳞毛蕨科鳞毛蕨属

别名 多鳞毛蕨、东南鳞毛蕨、毛贯众

形态特征： 叶簇生，叶片卵状披针形，二回羽状，羽片 10~15 对；叶柄密被鳞片，鳞片阔披针形；叶轴密被基部阔披针形，边缘有细齿的棕色鳞片；叶草质，孢子囊群大，在小羽片中脉两侧或裂片两侧各一行，位于中脉与边缘之间或略靠近边缘着生；囊群盖圆肾形。

生境与分布： 常生于林下。分布于山东、江苏、浙江、江西、福建、河南、湖南、湖北、广东、香港、广西、四川、贵州、西藏，日本、朝鲜也有分布。

主要用途： 有清热解毒、止咳平喘的功效，主治感冒、气喘、便血、痛经、钩虫病、烧伤、烫伤。

水龙骨科 Polypodiaceae

有柄石韦 *Pyrrosia petiolosa*

科属 水龙骨科石韦属

别名 八宝茶、北京石韦

形态特征： 植株高 5~15 cm。叶片椭圆形，急尖短钝头，基部楔形，干后厚革质，全缘，上面灰淡棕色，有洼点，疏被星状毛，下面被厚层星状毛，初为淡棕色，后为砖红色；孢子囊群布满叶片下面，成熟时扩散并汇合。

生境与分布： 多附生于干旱裸露的岩石上，海拔 250~2200 m。产于我国大部分地区，朝鲜和俄罗斯也有分布。

主要用途： 主治尿道发炎、淋病、尿血、尿路结石、肾炎、崩漏、痢疾、肺热咳嗽、慢性支气管炎。

金鸡脚假瘤蕨 *Selliguea hastata*

科属 水龙骨科假瘤蕨属

别名 金鸡脚

形态特征： 土生植物。根状茎长而横走，密被鳞片，红棕色；叶片为单叶，形态变化极大，单叶不分裂，或戟状二至三分裂；叶纸质或草质，背面通常灰白色，两面光滑无毛；孢子囊群大，圆形，在叶片中脉或裂片中脉两侧各一行；孢子表面具刺状突起。

生境与分布： 生于林缘土坎上。产于我国大部分地区，日本、朝鲜和俄罗斯（远东地区）等也有分布。

主要用途： 有祛风清热、利湿解毒的功效。可用于观赏。

苹科 Marsileaceae

苹 *Marsilea quadrifolia*

科属　苹科苹属

别名　四叶菜、田字草

形态特征： 植株高 5~20 cm。根状茎细长横走，茎节远离，向上发出一至数枚叶子；叶片由 4 片倒三角形的小叶组成，呈十字形，草质；孢子果双生或单生于短柄上；每个孢子果内含多数孢子囊，大小孢子囊同生于孢子囊托上，一个大孢子囊内只有一个大孢子，而小孢子囊内存多数小孢子。

生境与分布： 生于静止浅水里，常见于水池或稻田中。温带及亚热带均有分布。

主要用途： 有药用价值，具清热、利水、解毒、止血的功效，主治风热目赤、肾炎、肝炎、疟疾、消渴、吐血、衄血、热淋、尿血、痈疮、瘰疬。

槐叶苹科 Salviniaceae

槐叶苹 *Salvinia natans*

科属　槐叶苹科槐叶苹属

别名　槐叶萍、蜈蚣萍、山椒藻

形态特征： 茎细长，横走，无根。叶 3 片轮生，2 片漂浮水面，1 片细裂如丝，在水中形成假根，水面叶在茎两侧紧密排列，形如槐叶；孢子果 4~8 枚聚生于水下叶的基部；有大小之分，大孢子果小，生少数有短柄的大孢子囊各含大孢子 1~3 个；小孢子果略大，生多数具长柄的小孢子囊，各有 64 个小孢子。

生境与分布： 生于水田、沟塘和静水溪河内，喜欢生长在温暖、无污染的静水水域上。从中国东北到长江以南地区都有分布。

主要用途： 有清热解毒、消肿止痛的功效，主治瘀血积痛、痈肿疔毒、烧伤、烫伤。

满江红科 Azollaceae

满江红 *Azolla pinnata* subsp. *asiatica*

科属 满江红科满江红属

别名 红萍、浮飘、红浮漂

形态特征：小型漂浮植物。植物体呈卵形或三角状；叶小如芝麻，互生，无柄，覆瓦状排列成两行，肉质，绿色，在秋后常变为紫红色；腹裂片贝壳状，斜沉水中；孢子果双生于分枝处，大孢子囊有 9 个浮膘；小孢子果体积较大，球形或桃形，顶端有短喙，内含多数具长柄的小孢子囊。

生境与分布：生于水田和静水沟塘中。广布于长江流域和南北各省区，朝鲜、日本也有分布。

主要用途：有祛风除湿、发汗透疹的功效，主治风湿疼痛、麻疹不透、胸腹痞块、带下病、烧伤、烫伤。本植物体和蓝藻共生，既是优良的绿肥，又是很好的饲料。

裸子植物

苏铁科 Cycadaceae

苏铁 *Cycas revoluta*

科属 苏铁科苏铁属

别名 铁树、避火蕉、辟火蕉

形态特征：树干高 2 m 左右。羽状叶从茎的顶部生出，呈倒卵状狭披针形；羽状裂片达 100 对以上，条形，厚革质，坚硬，向上斜展微成“V”字形；雄球花圆柱形；大孢子叶长 14~22 cm，密生淡黄色或淡灰黄色绒毛；花期 6~7 月，种子 10 月成熟。

生境与分布：喜暖热湿润的环境。产于福建、台湾、广东，各地常有栽培，日本（南部）、菲律宾和印度尼西亚也有分布。

主要用途：国家一级重点保护野生植物。主治痢疾，有止咳和止血的功效。观赏树种。种子含油和丰富的淀粉。

银杏科 Ginkgoaceae

银杏 *Ginkgo biloba*

科属 银杏科银杏属

别名 白果、公孙树、蒲扇

形态特征：落叶乔木，叶扇形，秋季落叶前变为黄色；球花单性，雌雄异株；雄球花葇荑花序状，下垂，雄蕊排列疏松，长椭圆形；雌球花具长梗，梗端常分两叉；种子为橙黄色的核果状；花期 3~4 月，种子 9~10 月成熟。

生境与分布：银杏为中生代孑遗的稀有树种，系我国特产。主要分布于山东、江苏、四川、河北、湖北、河南、甘肃等地。现多为栽培。

主要用途：银杏树具有观赏、经济、药用价值。有生津止渴、润肺化痰、清热解毒的功效，主治风寒肺病。银杏树是第四纪冰川运动后遗留下来的最古老的裸子植物，是世界上十分珍贵的树种之一，因此被当作植物界中的“活化石”。国家一级重点保护野生植物。

松科 Pinaceae

雪松 *Cedrus deodara*

科属 松科雪松属

别名 香柏

形态特征：乔木，高达 50 m；枝平展、微斜展或微下垂。叶在长枝上辐射伸展，短枝之叶成簇生状，针形，坚硬，常成三棱形，叶之腹面两侧各有 2~3 条气孔线，背面 4~6 条；雄球花长卵圆形或椭圆状卵圆形；雌球花卵圆形；球果成熟前淡绿色，微有白粉，成熟时红褐色，卵圆形或宽椭圆形；中部种鳞扇状倒三角形；种子近三角状，种翅宽大。

生境与分布：分布于阿富汗至印度的海拔 1300~3300 m 地带。现已广泛栽培作庭园树。

主要用途：可作建筑、桥梁、造船、家具及器具等用。观赏植物。

马尾松 *Pinus massoniana*

科属 松科松属

别名 青松、山松、枞松

形态特征： 乔木，高达 45 m。树冠宽塔形或伞形，枝条每年生长一轮；针叶 2 针一束，稀 3 针一束，两面有气孔线，边缘有细锯齿；树脂道 4~8 个，宿存；雄球花淡红褐色，圆柱形，弯垂，聚生于新枝下部苞腋，穗状；雌球花单生或 2~4 个聚生于新枝近顶端，淡紫红色；球果卵圆形或圆锥状卵圆形，有短梗，下垂，成熟时栗褐色；鳞盾菱形；花期 4~5 月，球果第二年 10~12 月成熟。

生境与分布： 生于干旱、瘠薄的红壤、石砾土及沙质土，或生于岩石缝中，常见于海拔 700~1500 m。产于江苏、安徽、河南（西部峡口）、陕西（汉水流域以南），以及长江中下游各省区。

主要作用： 供建筑、枕木、矿柱、家具及木纤维工业原料等用。树干可割取松脂，为医药、化工原料。树皮可提取栲胶。为长江流域以南重要的荒山造林树种。

台湾松 *Pinus taiwanensis*

科属 松科松属

别名 黄山松、长穗松、台湾二针松

形态特征： 乔木，高达 30 m。针叶 2 针一束，稍硬直，边缘有细锯齿，两面有气孔线；树脂道 3~7(9) 个，中生；雄球花圆柱形，淡红褐色，聚生于新枝下部成短穗状；球果卵圆形，常宿存树上 6~7 年；种子倒卵状椭圆形；花期 4~5 月，球果第二年 10 月成熟。

生境与分布： 生长于海拔 600~2800 米的山地，常组成单纯林。分布于台湾、福建、浙江、安徽、江西、湖南、湖北（东部）、河南（南部）。

主要用途： 材质较马尾松为佳，质坚实，富树脂，稍耐久用。可用于建筑、器具、板材及木纤维工业原料等。树干可割取树脂。

金钱松 *Pseudolarix amabilis*

科属 松科金钱松属

别名 金钱松、金松、水树

形态特征：乔木，高达 40 m。叶片条形，扁平柔软，在长枝上成螺旋状散生，在短枝上15~30 枚簇生，向四周辐射平展，秋后变金黄色，圆如铜钱，因此而得名；雄球花黄色，圆柱状，下垂；雌球花紫红色，直立，椭圆形；球果卵圆形或倒卵圆形；种翅三角状披针形；花期 4 月，球果 10 月成熟。

生境与分布：生长在海拔 100~1500 m 地带，散生于针叶树、阔叶树林中。分布于江苏、安徽、浙江、福建、江西、湖南、四川、湖北、河南。许多地方已引种栽培。

主要用途：国家二级重点保护野生植物。著名的古老孑遗植物和观赏树种。木材可作建筑、板材、家具、器具及木纤维工业原料等用。树皮可提栲胶，入药可治顽癣和食积等症。根皮亦可药用，也可作造纸胶料。种子可榨油。

杉科 Taxodiaceae

杉木
Cunninghamia lanceolata

科属 杉科杉木属

别名 杉、刺杉、广东杉、广叶杉、家杉、尖顶杉

形态特征：乔木，高达 30 m。小枝近对生或轮生，常成二列状。侧枝之叶基部扭转成二列状，革质、坚硬，边缘有细缺齿。雄球花圆锥状。雌球花单生或 2~3（4）个集生，苞鳞横椭圆形。球果卵圆形。成熟时苞鳞革质，棕黄色，三角状卵形，边缘有不规则的锯齿；种鳞很小，腹面着生 3 粒种子；花期 4 月，球果 10 月下旬成熟。

生境与分布：中国长江流域、秦岭以南地区栽培最广的用材树种，越南也有分布。

主要用途：广泛用于建筑、桥梁、造船、电杆、家具、器具、根雕等方面。根、皮、果、叶均可药用。具香味，木材中含有“杉脑”，能抗虫耐腐。

水杉 *Metasequoia glyptostroboides*

科属 杉科水杉属

别名 杉木、水桫

形态特征： 乔木，高达 35 m。树干基部常膨大；叶条形，叶在侧生小枝上列成二列，羽状；球果下垂，近四棱状球形或矩圆状球形，熟时深褐色；种鳞木质，盾形，通常 11~12 对，能育种鳞有 5~9 粒种子；种子扁平；花期 2 月下旬，球果 11 月成熟。

生境与分布： 我国特产，初仅分布于四川石柱县，湖北利川县磨刀溪、水杉坝一带，湖南西北部龙山和桑植等地海拔 750~1500 m 气候温和、夏秋多雨、酸性黄壤土地区，现我国各地普遍引种。

主要用途： 国家一级重点保护野生植物，植物的“活化石”。木材可供房屋建筑、板料、电杆、家具及木纤维工业原料等用。树姿优美，为著名的庭园绿化树种。

池杉 *Taxodium distichum* var. *imbricatum*

科属 杉科落羽杉属

别名 无

形态特征： 乔木，在原产地高达 25 m。树干基部膨大，通常有屈膝状的呼吸根；树皮褐色，成长条片脱落；树冠呈尖塔形；叶钻形，螺旋状伸展；球果圆球形或矩圆状球形，成熟时褐黄色；种鳞木质，盾形；种子红褐色；花期 3~4 月，球果 10 月成熟。

生境与分布： 原产于北美东南部，耐水湿，生于沼泽地区及水湿地上。江苏（南京、南通）、浙江（杭州）、河南（鸡公山）、湖北（武汉）等地有栽培。

主要用途： 常用的绿化植物和平原水网区防护林、防浪林的理想树种，其木材是造船、建筑、枕木、家具、车辆的良好用材。

柏科 Cupressaceae

龙柏

Juniperus chinensis cv. 'Kaizuka'

科属 柏科圆柏属

别名 龙爪柏、爬地龙柏、匍地龙柏

形态特征：乔木，高达 20 m。尖塔形树冠；生鳞叶的小枝近圆柱形或近四棱形；叶二型，即刺叶及鳞叶；雌雄异株，稀同株，雄球花黄色，椭圆形，雄蕊 5~7 对；球果近圆球形，熟时暗褐色，有 1~4 粒种子。

生境与分布：生于中性土、钙质土及微酸性土中。产于我国大部分地区。

主要用途：观赏植物。

侧柏 *Platycladus orientalis*

科属 柏科侧柏属

别名 扁柏、黄柏、香树

形态特征：乔木，高达 20 m。叶鳞形，两侧的叶船形；雄球花黄色，卵圆形；雌球花近球形，蓝绿色，被白粉；球果近卵圆形，成熟前近肉质，蓝绿色，被白粉，成熟后木质，开裂，红褐色；种子卵圆形或近椭圆形，无翅或有极窄翅；花期 3~4 月，球果 10 月成熟。

生境与分布：产于内蒙古（南部）、吉林、辽宁、河北、山西、山东、江苏、浙江、福建、安徽、江西、河南、陕西、甘肃、四川、云南、贵州、湖北、湖南、广东（北部）及广西（北部）等省区。

主要用途：种子与生鳞叶的小枝入药，前者为强壮滋补药，后者既为健胃药，又为清凉收敛药及淋疾的利尿药。木材可供建筑、器具、家具、农具及文具等用材。常栽培作庭园树。

千头柏 *Platycladus orientalis* cv. 'Sieboldii'

科属 柏科侧柏属

别名 子孙柏、扫帚柏、凤尾柏

形态特征：为侧柏的栽培变种，常绿灌木，高可达 3~5 m，植株丛生状，树冠卵圆形或圆球形。大枝斜出，小枝直展，扁平，排成一平面；叶鳞形，交互对生；3~4 月开花，球花单生于小枝顶端；球果卵圆形，肉质，蓝绿色，被白粉，10~11 月果熟，成熟时红褐色。

生境与分布：在中国华北、西北至华南及日本等地有栽培。

主要用途：园林观赏。

罗汉松科 Podocarpaceae

短叶罗汉松 *Podocarpus macrophyllus* var. *maki*

科属 罗汉松科罗汉松属

别名 罗汉松、小叶罗汉松、小罗汉松

形态特征：罗汉松的变种。小乔木或成灌木状，枝条向上斜展。叶短而密生，长 2.5~7 cm，宽 3~7 mm，先端钝或圆。雄球花穗状、腋生，常 3~5 个簇生于极短的总梗上；雌球花单生叶腋；种子卵圆形，成熟时肉质假种皮紫黑色，种托肉质圆柱形，红色或紫红色；花期 4~5 月，种子 8~9 月成熟。

生境与分布：原产日本。我国江苏、浙江、福建、江西、湖南、湖北、陕西、四川、云南、贵州、广西、广东等省区均有栽培，作庭园树。

主要用途：观赏植物。

双子叶植物

三白草科 Saururaceae

蕺菜 *Houttuynia cordata*

科属 三白草科蕺菜属

别名 鱼腥草、狗蝇草、臭菜

形态特征：腥臭草本，高 30~60 cm。茎下部伏地，节上轮生小根，上部直立，有时带紫红色；叶薄纸质，有腺点，背面尤甚，卵形或阔卵形；花小，两性，总苞片白色；花序长约 2 cm，宽 5~6 mm；蒴果；花期 4~7 月。

生境与分布：生于沟边、溪边或林下湿地上。产于我国中部、东南至西南部各省区。

主要用途：全株入药，有清热、解毒、利水的功效，主治肠炎、痢疾、肾炎水肿及乳腺炎、中耳炎等。嫩根茎可食，常作蔬菜或调味品。

三白草 *Saururus chinensis*

科属 三白草科三白草属

别名 水木通、白水鸡、白花照水莲、田三白

形态特征：湿生草本，高约 1 m。叶密生腺点，阔卵形至卵状披针形，茎顶端的 2~3 片于花期常为白色，呈花瓣状；叶柄基部与托叶合生成鞘状，略抱茎；花序白色；总花梗长 3~4.5 cm；雄蕊 6 枚；果近球形；花期 4~6 月。

生境与分布：生于低湿沟边，塘边或溪旁。产于河北、山东、河南和长江流域及其以南各省区。

主要用途：全株药用，有清利湿热、消肿、解毒的功效，主治水肿、脚气、黄疸、淋浊、带下病、痈肿、疗毒、蛇咬伤。

杨柳科 Salicaceae

加杨 *Populus×canadensis*

科属 杨柳科杨属

别名 加拿大杨、意杨、意大利杨

形态特征：落叶乔木，高 30 m。单叶互生，叶三角形或三角状卵形；雄花序长 7~15 cm；果序长达 27 cm；蒴果卵圆形，2~3 瓣裂；雌雄异株；雄株多，雌株少；花期 4 月，果期 5~6 月。

生境与分布：原产美洲。中国除广东、云南、西藏外，各省区均有引种栽培。

主要用途 绿化树种。木材供箱板、家具、火柴杆、牙签和造纸等用。树皮含鞣质，可提制栲胶，也可作黄色染料。

垂柳 *Salix babylonica*

科属 杨柳科柳属

别名 水柳、垂丝柳、清明柳

形态特征：乔木，高达 12~18 m，树冠开展而疏散。枝细，下垂；芽线形，先端急尖；叶狭披针形或线状披针形；花序先叶开放，或与叶同时开放；雄花序长 1.5~2(3) cm；雄蕊 2，花药红黄色；雌花序长达 2~3(5) cm，柱头 2~4 深裂；蒴果，带绿黄褐色；花期 3~4 月，果期 4~5 月。

生境与分布：分布于长江流域与黄河流域，各地均有栽培。在亚洲、欧洲、美洲各国均有引种。

主要用途：垂柳是优美的风景树、庭荫树，也是防风固沙、维护堤岸的重要树种。

杨梅科 Myricaceae

杨梅 *Myrica rubra*

科属 杨梅科杨梅属

别名 大杨梅、火梅木、火实

形态特征：常绿乔木，高可达 15 m 以上。叶革质。花雌雄异株。雄花序单独或数条丛生于叶腋。雄花具 2~4 枚卵形小苞片及 4~6 枚雄蕊；花药暗红色。雌花序常单生于叶腋，较雄花序短而细瘦，苞片和雄花的苞片相似，每苞片腋内生 1 朵雌花。雌花通常具 4 枚卵形小苞片。核果球状。4 月开花，6~7 月果实成熟。

生境与分布：生长在海拔 125~1500 m 的山坡或山谷林中，喜酸性土壤。产于江苏、浙江、台湾、福建、江西、湖南、贵州、四川、云南、广西和广东。

主要用途：有生津止渴、和胃消食的功效，主治胃痛、膈食呕吐、疝气、吐血、跌打损伤。

胡桃科 Juglandaceae

野核桃 *Juglans mandshurica*

科属 胡桃科胡桃属

别名 核桃楸、山核桃、胡桃楸

形态特征：乔木或有时呈灌木状，高达 12~25 m。奇数羽状复叶；小叶近对生，硬纸质，卵状矩圆形或长卵形。雄性葇荑花序生于去年生枝顶端叶痕腋内；雄花被腺毛。雌性花序直立，雌花排列成穗状。果实卵形或卵圆状。花期 4~5 月，果期 8~10 月。

生境与分布：产于甘肃、陕西、山西、河南、湖北、湖南、四川、贵州、云南、广西。生于海拔 800~2000(2800) m 的杂木林中。

主要用途：种仁、青果和树皮入药。性温、味甘、无毒，有健胃、补血、润肺、养神等功效，主治肾虚腰痛、遗精、阳痿、健忘、耳鸣、尿频、胃痛等。

化香树 *Platycarya strobilacea*

科属 胡桃科化香树属

别名 花木香、还香树、皮杆条、山麻柳、栲香、换香树

形态分布：落叶小乔木，高 2~6 m。羽状复叶，具 7~23 枚小叶；小叶纸质；两性花序和雄花序在小枝顶端排列成伞房状花序束；雄花序通常 3~8 条，位于两性花序下方四周；果序球果状；果实小坚果状，两侧具狭翅；5~6 月开花，7~8 月果成熟。

生境与分布：常生长在海拔 600~1300 m 向阳山坡及杂木林中。除东北、西北等地外，广泛分布于全国地区，也分布于朝鲜和日本。

主要用途：树皮能剥取纤维，根部及老木含有芳香油。种子可榨油。为观赏植物。

湖北枫杨 *Pterocarya hupehensis*

科属 胡桃科枫杨属

别名 鄂枫杨、枫杨树、花杨、麻杆柳、麻柳、山麻柳

形态特征：乔木，高 10~20 m。奇数羽状复叶，长 20~25 cm；小叶 5~11 枚，纸质；雄花序长 8~10 cm；雄花无柄，花被片仅 2 或 3 枚发育，雄蕊 10~13 枚；果序长达 30~45 cm；果翅宽阔；花期 4~5 月，果期 8~9 月。

生境与分布：常生于河溪岸边、湿润的森林中。产于我国湖北（西部）至四川（西部）、陕西（南部）至贵州（北部）。

主要用途：为速生用材树种，适于堤岸造林。树皮可提取栲胶，供揉革、化工等用。树皮纤维可用于造纸、制人造棉与绳索。

枫杨 *Pterocarya stenoptera*

科属 胡桃科枫杨属

别名 枰柳、麻柳、水麻柳

形态特征：大乔木，高达 30 m。叶多为偶数或稀奇数羽状复叶，长 8~16 cm，叶柄长 2~5 cm；小叶 10~16 枚（稀 6~25 枚）。雄性葇荑花序长 6~10 cm，雄蕊 5~12 枚。雌性葇荑花序顶生。果实长椭圆形；果翅狭长，条形或阔条形。花期 4~5 月，果熟期 8~9 月。

生境与分布：生于海拔 1500 m 以下的沿溪涧河滩、阴湿山坡地的林中。除西北未见栽种外，全国都有分布。

主要用途：树皮和枝皮含鞣质，可提取栲胶，亦可作纤维原料。果实可作饲料和酿酒，种子还可榨油。现已广泛栽植作园庭树或行道树。

壳斗科 Fagaceae

栗 *Castanea mollissima*

科属 壳斗科栗属

别名 中国板栗、栗子

形态特征：20~40 m 高的落叶乔木，只有少数是灌木。单叶，椭圆或长椭圆状，边缘有刺毛状齿；雌雄同株，雄花为直立葇荑花序，雌花单独或数朵生于总苞内；坚果包藏在密生尖刺的总苞内，总苞直径为 5~11 cm，一个总苞内有 1~7 个坚果；花期 5~6 月，果熟期 9~10 月。

生境与分布：生长于海拔 370~2800 m 的地区，多见于山地，已广泛栽培。原产于中国，分布于越南、中国（台湾以及大陆地区）。

主要用途：有健脾胃、益气、补肾、壮腰、强筋、止血和消肿强心的功效。坚果食用。

茅栗 *Castanea seguinii*

科属 壳斗科栗属

别名 锥栗、野栗子、珍珠栗、毛栗

形态特征：小乔木或灌木状，通常高 2~5 m。叶倒卵状椭圆形或兼有长圆形；雄花序长 5~12 cm，雄花簇有花 3~5 朵；雌花单生或生于混合花序的花序轴下部，每壳斗有雌花 3~5 朵；壳斗外壁密生锐刺；坚果；花期 5~7 月，果期 9~11 月。

生境与分布：生于海拔 400~2000 m 丘陵山地。广布于大别山以南、五岭南坡以北各地。

主要用途：种仁（茅栗仁）主治失眠。根、树皮或总苞外用主治丹毒、疮毒。花序主治口疮。果可供食用。

槲栎 *Quercus aliena*

科属 壳斗科栎属

别名 白栎树、板栎树、青冈树、白皮栎

形态特征：落叶乔木，高达 30 m。叶片长椭圆状倒卵形至倒卵形，叶缘具波状钝齿；雄花序长 4~8 cm，雄花单生或数朵簇生于花序轴；雌花序生于新枝叶腋，单生或 2~3 朵簇生；壳斗杯形，包着坚果约 1/2；花期 (3) 4~5 月，果期 9~10 月。

生境与分布：生于海拔 100~2000 m 的向阳山坡。产于陕西、山东、江苏、安徽、浙江、江西、河南、湖北、湖南、广东、广西、四川、贵州、云南。

主要用途：木材坚硬，供建筑、家具及薪炭等用材。种子富含淀粉，可酿酒，也可制凉皮、粉条和做豆腐及酱油等，又可榨油。

白栎 *Quercus fabri*

科属 壳斗科栎属

别名 栗子树、白紫蒲树

形态特征：落叶乔木或灌木状，高达 20 m，树皮灰褐色，深纵裂。叶片倒卵形、椭圆状倒卵形；雄花序长 6~9 cm，花序轴被绒毛，雌花序长 1~4 cm，生 2~4 朵花，壳斗杯形，包着坚果约 1/3；小苞片卵状披针形；坚果长椭圆形或卵状长椭圆形；花期 4 月，果期 10 月。

生境与分布：生于海拔 50~1900 m 的丘陵、山地杂木林中。

主要用途：白栎蓓（即果实的虫瘿）入药，主治小儿疳积、大人疝气及小儿尿如米泔、火眼赤痛。木材坚硬供建筑、器具等用。坚果脱涩后可作饲料或可食用。

枹栎 *Quercus serrata*

科属 壳斗科栎属

别名 枹树、青岗树、柞木、短柄枹栎

形态特征：落叶乔木，高达 15~20 m，树皮暗灰褐色，不规则深纵裂。单叶互生，叶集生在小枝顶端，叶片较短窄；叶片长椭圆状披针形或披针形，叶边缘具粗锯齿，齿端微内弯，叶片下面灰白色，被平伏毛；花期 4~5 月，果实次年 10 月成熟。

生境与分布：生于海拔 60~2000 m 的山地。产于我国大部分省区。

主要用途：木材坚硬，供建筑、车辆等用材。种子富含淀粉，供酿酒和作饮料。树皮可提取栲胶。叶可饲养柞蚕。

榆科 Ulmaceae

朴树 *Celtis sinensis*

科属 榆科朴属

别名 白麻子、千层皮、千粒树

形态特征：落叶乔木；树皮平滑，灰色；一年生枝被密毛。叶互生，革质，宽卵形至狭卵形。花杂性；花被片 4，被毛；雄蕊 4；柱头 2；核果近球形，红褐色；果核有穴和突肋；花期 3~4 月，果期 9~10 月。

生境与分布：多生于路旁、山坡、林缘，海拔 100~1500 m。产于山东、河南、江苏、安徽、浙江、福建、江西、湖南、湖北、四川、贵州、广西、广东、台湾。

主要用途：根、皮、嫩叶入药有消肿止痛、解毒治热的功效，外敷治水火烫伤。根皮入药，主治腰痛、漆疮。叶可制土农药。

榔榆 *Ulmus parvifolia*

科属 榆科榆属

别名 小叶榆、秋榆、掉皮榆

形态特征：落叶乔木，高达 25 m，胸径可达 1 m。叶厚，披针状卵形或窄椭圆形；簇状聚伞花序，花被片 4；翅果椭圆形或卵状椭圆形；花果期 8~10 月。

生境与分布：生于平原、丘陵、山坡及谷地。分布于我国大部分省区，日本、朝鲜也有分布。

主要用途：可供家具、车辆、造船、器具、农具、油榨、船橹等用材。树皮纤维可作蜡纸及人造棉原料，或织麻袋、编绳索。为造林树种。

桑科 Moraceae

楮 *Broussonetia kazinoki*

科属 桑科构属

别名 小构树、葡蟠、不闻症

形态特征：落叶灌木。枝显著地伸长而呈蔓生，有乳汁；单叶互生；叶片卵形或卵状椭圆形；花单性，雌雄同株；雄花序为圆柱状葇荑花序；雄花花被4裂，雄蕊4；雌花序为头状，子房倒卵形；聚花果球形，肉质，成熟时红色；小核果表面有疣；花期4月，果期5~6月。

生境与分布：生长在海拔200~1700 m的山坡灌丛、溪边路旁或次生杂木林中。分布于长江中下游以南各地及陕西。

主要用途：有清热解毒、祛风止痒、敛疮止血之功效，主治痢疾、神经性皮炎、疥癣、疖肿、刀伤出血。树皮纤维细长，是优质的造纸原料，也可制人造棉。

构树 *Broussonetia papyrifera*

科属 桑科构属

别名 构桃树、构乳树、楮树、假杨梅

形态特征：乔木，高10~20 m，小枝密生柔毛。叶螺旋状排列，广卵形至长椭圆状卵形；花雌雄异株；雄花序为葇荑花序，苞片披针形，被毛，花被4裂，被毛，雄蕊4；雌花序球形头状；聚花果球形，直径约3 cm，肉质，红色。花期4~5月，果期6~7月。

生境与分布：分布于我国南北各地。

主要用途：有补肾、利尿、强筋骨的功效。构树树皮纤维长而柔软，可作桑皮纸原料。嫩叶可喂猪。可作大气污染严重的工矿区绿化树种。

无花果 *Ficus carica*

科属 桑科榕属

别名 映日果、奶浆果、蜜果

形态特征：落叶灌木，高 3~10 m。单叶互生，厚膜质，宽卵形或近球形，3~5 掌状深裂；肉质花序托有短梗，单生于叶腋；雄蕊 3；雌花生于另一花序托内；聚花果梨形，成熟时黑紫色；瘦果卵形；花期 4~5 月，6 月中旬至 10 月均可成花结果。

生境与分布：原产于欧洲地中海沿岸和中亚地区，我国以长江流域和华北沿海地带栽植较多。

主要用途：主治咽喉刺痛、痔疮、脱肛、大便秘结难出。果可食用。

薜荔 *Ficus pumila*

科属 桑科榕属

别名 凉粉子、木莲、粉果

形态特征：攀缘或匍匐灌木。叶两型，不结果枝节上生不定根，叶卵状心形，叶柄很短；结果枝上无不定根，革质，卵状椭圆形，基部圆形至浅心形；榕果单生叶腋，瘿花果梨形，雌花果近球形；瘦果近球形，有黏液。花果期 5~8 月。

生境与分布：垂直分布于海拔 50~800 m 之间。广泛分布于我国长江以南，贵州、云南（东南部）、四川及陕西等地，日本、越南北部也有。

主要用途：根、茎、叶、果药用，有祛风除湿、活血通络、解毒消肿的功效。为观赏植物。

匍茎榕 *Ficus sarmentosa*

科属 桑科榕属

别名 爬藤榕、凹叶榕、扒崖蔓、缠壁藤

形态特征：藤状匍匐灌木。叶革质，披针形，先端渐尖，基部钝，背面白色至浅灰褐色，侧脉6~8对，网脉明显；榕果成对腋生或生于落叶枝叶腋，球形，幼时被柔毛；花期4~5月，果期6~7月。

生境与分布：常攀缘在岩石斜坡的树上或墙壁上。我国华东、华南、西南常见，北至河南、陕西、甘肃，印度东北部、越南也有分布。

主要用途：主治风湿关节痛、神经痛、跌打损伤、消化不良、气血亏虚。茎皮纤维是造纸和人造棉的原料。

葎草 *Humulus scandens*

科属 桑科葎草属

别名 蛇割藤、割人藤、拉拉藤、五爪龙

形态特征：缠绕草本，具倒钩刺。叶纸质，肾状五角形，掌状5~7深裂（稀为3裂），疏生糙伏毛，背面有柔毛和黄色腺体，边缘具锯齿；雌雄异株，黄绿色，圆锥花序；雌花序球果状，三角形，具白色绒毛；瘦果；花期春夏，果期秋季。

生境与分布：常生于沟边、荒地、废墟、林缘边。我国除新疆、青海外，南北各省区均有分布，日本、越南也有分布。

主要用途：有清热解毒、利尿消肿的功效，主治肺结核潮热、肠胃炎、痢疾、感冒发热、小便不利、肾盂肾炎、急性肾炎、膀胱炎、泌尿系统结石、痈疖肿毒、湿疹、毒蛇咬伤。嫩茎和叶可作食草动物饲料。水土保持植物。我国秋季花粉症的致敏植物之一。

桑 *Morus alba*

科属 桑科桑属

别名 家桑、桑树

形态特征：乔木或灌木，高 3~10 m 或更高。叶卵形或广卵形，有叶柄；托叶披针形；花单性，腋生或生于芽鳞腋内；雄花序下垂；花被片宽椭圆形，淡绿色；雌花序被毛，无花柱，柱头 2 裂；聚花果卵状椭圆形，成熟时红色或暗紫色；花期 4~5 月，果期 5~8 月。

生境与分布：原产于我国中部和北部，现由东北至西南各省区、西北直至新疆均有栽培。

主要用途：叶、果和根皮可入药，有疏散风热、清肺润燥、清肝明目之功效，主治风热感冒、肺热燥咳、头晕头痛、目赤昏花。叶为桑蚕饲料。桑果可食用。

荨麻科 Urticaceae

苎麻 *Boehmeria nivea*

科属 荨麻科苎麻属

别名 白麻、白叶苎麻、野苎麻

形态特征： 亚灌木或灌木，高 0.5~1.5 m。叶互生；叶片草质，上面稍粗糙；圆锥花序腋生，或植株上部的为雌性，其下的为雄性，或同一植株的全为雌性；雄团伞花序，有少数雄花；雌团伞花序，有多数密集的雌花；瘦果近球形；花期 8~10 月。

生境与分布： 生于山谷林边或草坡，海拔 200~1700 m。产于云南、贵州、广西、广东、福建、江西、台湾、浙江、湖北、四川以及甘肃、陕西、河南的南部，广泛栽培于越南、老挝等地。

主要用途： 根、叶供药用，有清热解毒、止血、消肿、利尿、安胎之功效。茎皮纤维为制夏布、优质纸的原料。叶可养蚕或作饲料。

悬铃木叶苎麻 *Boehmeria tricuspis*

科属 荨麻科苎麻属

别名 角麻、野苎麻、方麻、龟叶麻、山麻

形态特征： 亚灌木或多年生草本，茎高 50~150 cm。叶对生，稀互生；叶片纸质，扁五角形或扁圆卵形；穗状花序单生叶腋；雄花花被片 4；退化雌蕊椭圆形；雌花花被椭圆形，外面有密柔毛；花期 7~8 月。

生境与分布： 生于低山山谷疏林下、沟边或田边，海拔 500~1400 m。产于我国大部分地区。

主要用途： 根、叶药用，主治外伤出血、跌打肿痛、风疹、荨麻疹。茎皮纤维坚韧，光泽如丝，弹力和拉力都很强，可纺纱织布，也可做高级纸张。

水麻 *Debregeasia orientalis*

科属 荨麻科水麻属

别名 柳莓、水麻桑、水麻叶、赤麻

形态特征：灌木，高达 1~4 m。叶长圆状狭披针形或条状披针形；花序雌雄异株，稀同株，生于上年生枝和老枝的叶腋；雄花在芽时呈扁球形；花被片 4；雌花倒卵形；瘦果小浆果状，倒卵形，鲜时橙黄色；花期 3~4 月，果期 5~7 月。

生境与分布：常生于溪谷河流两岸潮湿地区，海拔 300~2800 m。产于我国西藏（东南部）、云南、广西、贵州、四川、甘肃（南部）、陕西（南部）、湖北、湖南、台湾，日本也有分布。

主要用途：主要以茎皮、叶入药。有清热利湿、止血解毒的功效，主治小儿疳积、头疮、中耳炎、小儿急惊风、风湿关节痛、咯血、痈疖肿毒。

糯米团 *Gonostegia hirta*

科属 荨麻科糯米团属

别名 糯米草、小粘药、红头带、猪粥菜

形态特征：多年生草本。叶对生，宽披针形至狭披针形、狭卵形、稀卵形或椭圆形；团伞花序腋生，通常两性，有时单性，雌雄异株；苞片三角形；花被片 5；雄蕊 5；瘦果卵球形，白色或黑色，有光泽；花期 5~9 月。

生境与分布：生于丘陵或低山林中、灌丛中、沟边草地，海拔 100~1000 m。自西藏（东南部）、云南、华南至陕西（南部）及河南（南部）广布。

主要用途：全草药用，主治消化不良、食积胃痛。外用治血管神经性水肿、疔疮疖肿、乳腺炎、外伤出血等症。全草可饲猪。

蓼科 Polygonaceae

金荞麦 *Fagopyrum dibotrys*

科属 蓼科荞麦属

别名 搭搭麦、金锁银开、开金锁、苦荞头

形态特征： 多年生草本，茎直立，高50~100 cm，分枝，具纵棱，无毛。叶三角形，顶端渐尖，基部近戟形，边缘全缘；托叶鞘筒状，膜质；花序伞房状，顶生或腋生；花被5深裂，白色，雄蕊8，柱头头状；瘦果，具3锐棱，黑褐色；花期7~9月，果期8~10月。

生境与分布： 生于山谷湿地、山坡灌丛，海拔250~3200 m。分布于中陕西、甘肃、西藏，及华东、华中、华南及西南。

主要用途： 有清热解毒、活血消痈、祛风除湿的功效，主治疮毒、肺痈、肺热咳喘、咽喉肿痛、痢疾、风湿痹证、跌打损伤、痈肿癌、蛇虫咬伤。为国家二级重点保护野生植物。

蓼子草 *Polygonum criopolitanum*

科属 蓼科蓼属

别名 细叶一枝蓼、小莲蓬、猪蓼子草

形态特征： 一年生草本。茎自基部分枝，丛生，节部生根，高10~15 cm。叶狭披针形或披针形，顶端急尖；托叶鞘膜质，密被糙伏毛；花序头状，顶生；花被5深裂，淡紫红色，花被片卵形；雄蕊5；花柱2，瘦果椭圆形，双凸镜状；花期7~11月，果期9~12月。

生境与分布： 生于河滩沙地、沟边湿地，海拔50~900 m。产于河南、陕西、江苏、浙江、安徽、江西、湖南、湖北、福建、广东、广西。

主要用途： 全草入药，有消肿解毒、利尿、止痢的功效。常用作调味剂。

水蓼 *Polygonum hydropiper*

科属　蓼科蓼属

别名　白辣、红辣蓼、散枝水蓼

形态特征：一年生草本，高 40~70 cm。茎直立，节部膨大；叶披针形或椭圆状披针形，边缘全缘；托叶鞘筒状，褐色；总状花序呈穗状，顶生或腋生；花被 5 深裂，稀 4 裂，绿色，上部白色或淡红色；雄蕊 6，稀 8；瘦果卵形，黑褐色；花期 5~9 月，果期 6~10 月。

生境与分布：生于河滩、水沟边、山谷湿地，海拔 50~3500 m。分布于我国南北各省区。

主要用途：全草入药，有消肿解毒、利尿、止痢的功效，主治细菌性痢疾、肠炎、子宫出血。

马蓼 *Polygonum lapathifolium*

科属　蓼科蓼属

别名　酸模叶蓼、大马蓼、旱苗蓼、斑蓼

形态特征：一年生草本，高 40~90 cm。叶披针形或宽披针形，全缘；总状花序呈穗状，顶生或腋生，花紧密，通常由数个花穗再组成圆锥状，花序梗被腺体；苞片漏斗状；花被淡红色或白色；雄蕊通常 6；瘦果；花期 6~8 月，果期 7~9 月。

生境与分布：生于海拔 30~3900 m 的田边、路旁、水边、荒地或沟边湿地。广布于我国南北各省区。

主要用途：全草入药，具利湿解毒、散瘀消肿、止痒功效。用鲜茎叶混食盐后捣汁，治霍乱和日射病有效，外用可敷治疮肿和蛇毒。全草可制土农药。

绵毛马蓼 *Polygonum lapathifolium* var. *salicifolium*

科属 蓼科蓼属

别名 绵毛酸模叶蓼、白绒蓼

形态特征：一年生草本，高 40~90 cm。茎直立，节部膨大；叶披针形或宽披针形，常有一个大的黑褐色新月形斑点，全缘，边缘具粗缘毛；总状花序呈穗状，顶生或腋生，近直立，通常由数个花穗再组成圆锥状；花被淡红色或白色，雄蕊 6；瘦果；花期 6~8 月，果期 7~9 月。

生境与分布：生于田边、路旁、水边、荒地或沟边湿地，海拔 30~3900 m。广布于我国南北各省区。

主要用途：全草入药，有解毒、健脾、化湿、活血、截疟的功效，主治疮疡肿痛、暑湿腹泻、肠炎痢疾、小儿疳积、跌打伤痛、疟疾。为危害水稻、小麦、棉花、豆类的常见杂草。

尼泊尔蓼 *Polygonum nepalense*

科属 蓼科蓼属

别名 葫芦叶蓼、猫儿眼睛、野荞麦

形态特征：一年生草本，茎外倾或斜上，高 20~40 cm。茎下部叶卵形或三角状卵形；花序头状，顶生或腋生；花被通常 4 裂，淡紫红色或白色；雄蕊 5~6；瘦果，双凸镜状黑色；花期 5~8 月，果期 7~10 月。

生境与分布：生于山坡草地、山谷路旁，海拔 200~4000 m。除新疆外，全国有分布。

主要用途：主治胃炎、肠炎、腹泻、呕吐、头痛、腑热病。为优等牧草。

红蓼 *Polygonum orientale*

科属 蓼科蓼属

别名 东方蓼、白胖蓼、大红花、大辣蓼

形态特征：一年生草本。叶宽卵形、宽椭圆形或卵状披针形；托叶鞘筒状，膜质；总状花序呈穗状，顶生或腋生，花紧密，微下垂；花被5深裂，淡红色或白色；花被片椭圆形；瘦果近圆形；花期6~9月，果期8~10月。

生境与分布：野生或栽培，生于沟边湿地、村边路旁，海拔30~2700 m。除西藏外，广布于我国各地。

主要用途：果实可入药，有活血、止痛、利尿的功效。为绿化、美化庭园的优良草本植物。

杠板归 *Polygonum perfoliatum*

科属 蓼科蓼属

别名 刺犁头、贯叶蓼

形态特征：一年生草本，茎攀缘，多分枝，长1~2 m，具纵棱。叶三角形，叶下沿叶脉疏生皮刺；托叶鞘叶状，圆形或近圆形，穿叶；总状花序呈短穗状；花被5深裂，白色或淡红色；雄蕊8，花柱3；瘦果球形，黑色；花期6~8月，果期7~10月。

生境与分布：生于田边、路旁、山谷湿地，海拔80~2300 m。广布于我国大部分地区，朝鲜、日本、印度尼西亚、菲律宾、印度及俄罗斯（西伯利亚）也有分布。

主要用途：有清热解毒、利尿消肿的功效，主治水肿、黄疸、泄泻、疟疾、顿咳、湿疹、疥癣。

疏忽蓼 *Polygonum praetermissum*

科属 蓼科蓼属

别名 疏蓼、疏花蓼、细叶雀翘、耳茎蓼

形态特征：一年生草本。叶披针形或狭长圆形；叶柄具皮刺；托叶鞘筒状，膜质，基部具倒生皮刺；花序穗状，花序梗二歧状分枝；花被 4 深裂，淡红色；雄蕊 4~5；瘦果近球形，黑褐色；花期 6~8 月，果期 7~9 月。

生境与分布：生于沟边湿地、河边，海拔 140~1800 m。产于江苏、浙江、安徽、江西、湖北、福建、台湾、广东、广西、贵州、云南及西藏。

主要用途：常见的杂草，有观赏性。

虎杖 *Reynoutria japonica*

科属 蓼科虎杖属

别名 活血龙、大活血、大接骨

形态特征：多年生草本，根状茎粗壮，横走，茎直立，高 1~2 m，空心。叶宽卵形或卵状椭圆形，近革质；托叶鞘膜质；花单性，雌雄异株，花序圆锥状；瘦果卵形，具 3 棱，黑褐色；花期 8~9 月，果期 9~10 月。

生境与分布：生于山坡灌丛、山谷、路旁、田边湿地，海拔 140~2000 m。产于我国陕西（南部）、甘肃（南部）、四川、云南、贵州及华东、华中、华南，朝鲜、日本也有分布。

主要用途：根状茎药用，有活血散瘀、祛风解毒、消炎止痛、去湿热黄疸、治慢性气管炎、降低血脂的功效，并可制农药，对防治螟虫、蚜虫等有效。根状茎和叶都含鞣质，可提制栲胶。

酸模 *Rumex acetosa*

科属 蓼科酸模属

别名 酸溜溜、大黄药菜、野菠菜、酸汤菜

形态特征：多年生草本，高 40~100 cm。基生叶和茎下部叶箭形，全缘或微波状；花序狭圆锥状，顶生，分枝稀疏；花单性，雌雄异株；花梗中部具关节；花被片 6，成 2 轮；瘦果椭圆形，具 3 锐棱；花期 5~7 月，果期 6~8 月。

生境与分布：生于山坡、林缘、沟边、路旁，海拔 400~4100 m。产于我国南北各省区。

主要用途：全草供药用，有凉血、解毒之功效。嫩茎、叶可作蔬菜及饲料，食用凉拌酸模叶能增强体质，防病抗病。

小酸模 *Rumex acetosella*

科属 蓼科酸模属

别名 葑、水酸模、线叶酸模

形态特征：多年生草本。茎下部叶戟形，中裂片披针形或线状披针形；茎上部叶较小叶柄短或近无柄；托叶鞘膜质，白色；花序圆锥状，顶生，花单性，雌雄异株；花簇具 2~7 朵花；雄蕊 6；瘦果宽卵形；花期 6~7 月，果期 7~8 月。

生境与分布：生于山坡草地、林缘、山谷路旁，海拔 400~3200 m。产于黑龙江、内蒙古、新疆、河北、山东、福建及台湾。

主要用途：有清热、利尿、凉血、杀虫的功效，主治热痢、淋病、小便不通、吐血、恶疮、疥癣。

齿果酸模 *Rumex dentatus*

科属 蓼科酸模属

别名 滨海酸模、牛儿大黄

形态特征：一年生草本，茎直立，高 30~70 cm，自基部分枝，枝斜上，具浅沟槽。茎下部叶长圆形或长椭圆形；花序总状，顶生和腋生，具叶，由数个再组成圆锥状花序；内花被片果时增大；瘦果；花期 5~6 月，果期 6~7 月。

生境与分布：生于沟边湿地、山坡路旁，海拔 30~2500 m。产于华北、西北、华东、华中，及四川、贵州和云南。

主要用途：根叶可入药，有去毒、清热、杀虫、治藓的功效。

羊蹄 *Rumex japonicus*

科属 蓼科酸模属

别名 金不换、牛大黄、牛舌大黄、牛舌条

形态特征：多年生草本，高 50~100 cm。基生叶长圆形或披针状长圆形，顶端急尖，基部圆形或心形；茎上部叶狭长圆形；花序圆锥状，花两性，多花轮生；花被片 6；瘦果宽卵形，具 3 锐棱；花期 5~6 月，果期 6~7 月。

生境与分布：生于田边路旁、河滩、沟边湿地，海拔 30~3400 m。产于东北、华北、华东、华中、华南，陕西、四川及贵州。

主要用途：根入药，清热凉血。

藜科 Chenopodiaceae

土荆芥 *Dysphania ambrosioides*

科属 藜科刺藜属

别名 鹅脚草、臭草、杀虫芥

形态特征：一年生或多年生草本，高 50~80 cm，有强烈香味。叶片矩圆状披针形至披针形。花两性及雌性，通常 3~5 个团集；花被裂片 5，较少为 3；雄蕊 5。胞果扁球形，完全包于花被内；种子横生或斜生，黑色或暗红色；花期和果期的时间都很长。

生境与分布：喜生于村旁、路边、河岸等处。原产于热带美洲，现广布于世界热带及温带地区，我国广西、广东、福建、台湾、江苏、浙江、江西、湖南、四川等省有野生，北方各省常有栽培。

主要用途：全草入药，主治钩虫、蛔虫、蛲虫、皮肤湿疹、脚癣、瘙痒、蛆虫。果实含挥发油（土荆芥油），油中含驱蛔素，是驱虫的有效成分。

苋科 Amaranthaceae

土牛膝 *Achyranthes aspera*

科属 苋科土牛膝属

别名 白马鞭草、白牛膝、粗毛牛膝

形态特征：多年生草本，高 20~120 cm。叶宽卵状倒卵形或椭圆状矩圆形；穗状花序顶生，直立；总花梗具棱角；苞片披针形；花被片披针形；雄蕊长 2.5~3.5 mm；胞果卵形；花期 6~8 月，果期 10 月。

生境与分布：生于海拔 800~2300 m 的山坡疏林或村庄附近空旷地。产于湖南、江西、福建、台湾、广东、广西、四川、云南、贵州。

主要用途：有癌瘤积毒逐淤除痹、淤阻痹痛、消炎、利尿的功效，主治淋病、尿血、妇女经闭、症瘕、风湿关节痛、脚气、痢疾、疟疾、白喉、痈肿、跌打损伤、白喉、小儿肺炎。

苋 *Amaranthus tricolor*

科属 苋科苋属

别名 雁来红、老少年、旱菜、后庭花

形态特征：一年生草本，高 80~150 cm。叶片卵形、菱状卵形或披针形，绿色、红色、紫色或黄色；花簇腋生，直到下部叶，或同时具顶生花簇，成下垂的穗状花序；花被片矩圆形；胞果卵状矩圆形；花期 5~8 月，果期 7~9 月。

生境与分布：我国各地均有栽培，有时逸为半野生。

主要用途：根、果实及全草入药，有明目、利大小便、去寒热、清热解毒的功效，主治痢疾、二便不通、蛇虫蜇伤、疮毒等。可作蔬菜食用。

凹头苋 *Amaranthus blitum*

科属　苋科苋属

别名　野苋菜、光苋菜

形态特征：一年生草本，高 10~30 cm。叶片卵形或菱状卵形，顶端凹缺，基部宽楔形，全缘或稍呈波状；花成腋生花簇，直立穗状花序或圆锥花序，花被片矩圆形或披针形；胞果扁卵形；种子环形，黑色至黑褐色；花期 7~8 月，果期 8~9 月。

生境与分布：生在田野、人家附近的杂草地上。除内蒙古、宁夏、青海、西藏外，我国广泛分布，日本、欧洲、非洲北部及南美也有分布。

主要用途：全草入药，有缓和止痛、收敛、利尿、解热剂的功效。茎叶可作猪饲料。

喜旱莲子草 *Alternanthera philoxeroides*

科属　苋科莲子草属

别名　空心莲子草、空心苋、水蕹菜、水花生

形态特征：多年生草本。茎基部匍匐，管状，具分枝；叶片矩圆形、矩圆状倒卵形或倒卵状披针形；花密生，成头状花序，单生在叶腋，球形；苞片白色；苞片卵形；雄蕊花丝基部连合成杯状；子房倒卵形；花期 5~10 月。

生境与分布：生长于海拔 50~2700 m 的池沼和水沟内。原产于巴西，我国引种于北京、江苏、浙江、江西、湖南、福建，后逸为野生。

主要用途：可入药。用于流行性乙型脑炎早期、流行性出血热初期、麻疹。主治血尿、尿路感染。1930 年传入我国，是危害性极大的入侵物种，被列为我国首批外来入侵物种。

莲子草 *Alternanthera sessilis*

科属 苋科莲子草属

别名 满天星、白花仔、节节花

形态特征：多年生草本，高 10~45 cm。茎绿色或稍带紫色，有条纹及纵沟，沟内有柔毛；头状花序 1~4 个，腋生；花密生，花轴密生白色柔毛；花被片卵形，白色；雄蕊 3；胞果倒心形，翅状；花期 5~7 月，果期 7~9 月。

生境与分布：生在村庄附近的草坡、水沟、田边或沼泽、海边潮湿处。产于安徽、江苏、浙江、江西、湖南、湖北、四川、云南、贵州、福建、台湾、广东、广西。

主要用途：全植物入药，有散瘀消毒、清火退热功效，主治牙痛、痢疾，疗肠风、下血。

青葙 *Celosia argentea*

科属 苋科青葙属

别名 野鸡冠花、百日红

形态特征：一年生草本，高 0.3~1m。叶片矩圆状披针形、披针形或披针状条形，绿色常带红色；花多数，密生，在茎端或枝端成单一、无分枝的塔状或圆柱状穗状花序；胞果卵形；花期 5~8 月，果期 6~10 月。

生境与分布：野生或栽培，生于平原、田边、丘陵、山坡，海拔高达 1100 m。分布几遍全国。

主要用途：可入药，有祛风热、清肝火的功效，主治目赤肿痛、障翳、高血压、鼻衄、皮肤风热瘙痒、疥癞。可供观赏。

千日红 *Gomphrena globosa*

科属 苋科千日红属

别名 百日红、滚水红

形态特征：一年生直立草本，高20~60 cm。茎粗壮，有灰色糙毛；叶长椭圆形或矩圆状倒卵形；花多数，密生，成顶生球形或矩圆形头状花序，常为紫红色，有时为淡紫色或白色；雄蕊花丝连合成管状，顶端5浅裂；胞果近球形；花果期6~10月。

生境与分布：原产于美洲热带，我国南北各省均有栽培，亦有逸为半野生。

主要用途：花序入药，有止咳定喘、平肝明目功效，主治支气管哮喘，急、慢性支气管炎，百日咳，肺结核咯血等症。千日红花期长，花色鲜艳，为优良的园林观赏花卉。

紫茉莉科 Nyctaginaceae

光叶子花 *Bougainvillea glabra*

科属 紫茉莉科叶子花属

别名 宝巾、九重葛、勒杜鹃、簕杜鹃

形态特征：藤状灌木。茎粗壮，枝下垂；刺腋生；叶片纸质，卵形或卵状披针形；花顶生于枝端的3个苞片内，每个苞片上生1朵花；苞片叶状，紫色或洋红色，长圆形或椭圆形，纸质；雄蕊6~8；花期冬春间。

生境与分布：原产于巴西。我国各地有栽培。

主要用途：为美丽的庭园观赏植物。

紫茉莉 *Mirabilis jalapa*

科属 紫茉莉科紫茉莉属

别名 胭脂花、粉豆花、夜饭花、状元花

形态特征：一年生草本，高可达 1 m。叶片卵形或卵状三角形；花常数朵簇生枝端；总苞钟形，5 裂，果时宿存；花被紫红色、黄色、白色或杂色，高脚碟状，筒部长 2~6 cm，5 浅裂；瘦果，黑色；花期 6~10 月，果期 8~11 月。

生境与分布：原产于南美热带地区。世界温带至热带地区广泛引种和归化。

主要用途：花色丰富，观赏价值很高。

商陆科 Phytolaccaceae

垂序商陆 *Phytolacca americana*

科属 商陆科商陆属

别名 洋商陆、美国商陆、美洲商陆、美商陆

形态特征：多年生草本，高 1~2 m。茎直立，圆柱形，有时带紫红色；叶片椭圆状卵形或卵状披针形，长 9~18 cm，宽 5~10 cm；总状花序顶生或侧生，长 5~20 cm；花白色，微带红晕；果序下垂；浆果扁球形，熟时紫黑色；花期 6~8 月，果期 8~10 月。

生境与分布：原产于北美，我国引入栽培，现遍及河北、陕西、山东、江苏、浙江、江西、福建、河南、湖北、广东、四川、云南。

主要用途：根供药用，主治水肿、白带、风湿，并有催吐作用。种子利尿。叶有解热作用，并治脚气。外用可治无名肿毒及皮肤寄生虫病。

粟米草科 Molluginaceae

粟米草 *Mollugo stricta*

科属 粟米草科粟米草属

别名 飞蛇草、万能解毒草、鹅脚爪子草

形态特征： 铺散一年生草本，高 10~30 cm。叶 3~5 片假轮生或对生，叶片披针形或线状披针形，全缘；花极小，组成疏松聚伞花序，顶生或与叶对生；花被片 5；雄蕊通常 3；蒴果近球形，3 瓣裂；花期 6~8 月，果期 8~10 月。

生境与分布： 生于空旷荒地、农田和海岸沙地。产于秦岭、黄河以南，东南至西南各地。

主要用途： 全草可供药用，有清热解毒、利湿功效，主治腹痛泄泻、皮肤热疹、火眼及蛇伤。外用治眼结膜炎、疮疖肿毒。

马齿苋科 Portulacaceae

大阳花 *Portulaca pilosa* cv. 'Wildfire'

科属 马齿苋科马齿苋属

别名 龙须牡丹、洋马齿苋、太阳花、午时花

形态特征： 多年生草本，高 15~25 cm。茎平卧或斜升，紫红色；叶互生，匙形，长 1~2 cm，宽 3~6 mm，全缘；花单生或数朵簇生枝端，日开夜闭；花瓣 5 或重瓣，倒卵形，红色、紫色或黄白色；雄蕊多数；蒴果；花期 6~9 月，果期 8~11 月。

生境与分布： 大部分生于山坡、田野间。原产于南美。我国各地均有栽培。

主要用途： 观赏植物。

马齿苋 *Portulaca oleracea*

科属 马齿苋科马齿苋属

别名 马苋、五行草、长命菜、瓜子菜

形态特征：一年生草本，茎多分枝。叶互生，有时近对生，叶片倒卵形，全缘；花常3~5朵簇生；苞片2~6，近轮生；萼片2，对生；花瓣5，稀4，黄色；雄蕊通常8，或更多；柱头4~6裂；蒴果卵球形，盖裂；花期5~8月，果期6~9月。

生境与分布：生于菜园、农田、路旁。广布于全世界温带和热带地区。

主要用途：全草供药用，有清热解毒、利水去湿、散血消肿、除尘杀菌、消炎止痛、止血凉血的功效，主治痢疾、肠炎、肾炎、产后子宫出血、便血、乳腺炎、热痢脓血、热淋、带下病、痈肿恶疮、丹毒等病症。还可作兽药和农药，嫩茎叶可作蔬菜。也是很好的饲料。

落葵科 Basellaceae

落葵 *Basella alba*

科属 落葵科落葵属

别名 胭脂豆、藤菜、白落葵、豆腐菜

形态特征：一年生缠绕草本，茎长达3~4 m。单叶互生；叶片宽卵形、心形至长椭圆形；穗状花序；萼片2，长圆形；花瓣5，淡紫色或淡红色；雄蕊5，生于花冠筒口；花柱3。果实卵形或球形，暗紫色；花期5~9月，果期7~10月。

生境与分布：生于海拔2000 m以下地区。落葵耐高温高湿，一般生长在疏松肥沃的沙壤土。原产亚洲热带地区。中国南北方各地多有种植，南方有逸为野生的。

主要用途：以幼苗、嫩茎、嫩叶芽梢供食用。落葵的紫红色茎叶、淡红色花朵和紫黑色果实，颇为可爱，具有观赏性。

石竹科 Caryophyllaceae

石竹 *Dianthus chinensis*

科属 石竹科石竹属

别名 洛阳花、姐姐花、山石竹、山竹

形态特征：多年生草本，高 30~50 cm。叶片线状披针形；花单生枝端或数花集成聚伞花序；苞片 4，卵形；花萼圆筒形，萼齿披针形；花瓣片倒卵状三角形，紫红色、粉红色、鲜红色或白色；蒴果；花期 5~6 月，果期 7~9 月。

生境与分布：生长于海拔 10~2700 m 的地区，多生长在草原及山坡草地，原产我国北方，世界各地广泛引种栽培。

主要用途：可全草或根入药。有清热利尿、破血通经的功效，主治尿路感染、热淋、尿血、经闭、疮毒、湿疹。为观赏花卉。

剪春罗 *Lychnis coronata*

科属 石竹科剪秋罗属

别名 剪夏罗、剪金花、见肿消、金钱花

形态特征：多年生草本，高 50~90 cm，全株近无毛。茎单生，稀疏丛生，直立；叶片椭圆状倒披针形或卵状倒披针形；二歧聚伞花序通常具数花；花直径 4~5 cm；花瓣橙红色，爪不露出花萼，狭楔形；蒴果长椭圆形；花期 6~7 月，果期 8~9 月。

生境与分布：生于疏林下或灌丛草地。产于江苏、浙江、江西和四川（峨眉山），其他省区有栽培。

主要用途：根或全草入药，主治感冒、风湿关节炎或腹泻。外用治带状疱疹。为观赏植物。

鹅肠菜 *Myosoton aquaticum*

科属 石竹科鹅肠菜属

别名 牛繁缕、鹅儿肠

形态特征：二年生或多年生草本，具须根。茎上升，多分枝，长 50~80 cm；叶片卵形或宽卵形；顶生二歧聚伞花序；花瓣白色，2 深裂至基部；雄蕊 10，稍短于花瓣；蒴果；花期 5~8 月，果期 6~9 月。

生境与分布：生于海拔 350~2700 m 的河流两旁冲积沙地的低湿处或灌丛林缘和水沟旁。产于我国南北各省。

主要用途：有清热通淋、凉血活血、消肿止痛、消积通乳的功效，主治小儿疳积、牙痛、痢疾、痔疮肿痛、小便不利、尿路感染、急慢性阑尾炎、乳腺炎、乳汁不通等病症。幼苗可作野菜和饲料。

鹤草 *Silene fortunei*

科属 石竹科蝇子草属

别名 蝇子草、白柴胡、苍蝇草、柴胡

形态特征：多年生草本，高 50~80 (100) cm。茎丛生，直立，多分枝，被短柔毛或近无毛，分泌黏液；基生叶叶片倒披针形或披针形；聚伞状圆锥花序，小聚伞花序对生，具 1~3 朵花；花瓣淡红色，爪微露出花萼；蒴果；花期 6~8 月，果期 7~9 月。

生境与分布：生于平原、低山草坡或灌丛草地。产于长江流域和黄河流域南部。

主要用途：全草入药，有清热利湿、补虚活血的功效，主治小便淋痛、带下病、痢疾、泄泻。外用于蝮蛇咬伤、扭伤、关节肌肉酸痛。

莲科 Nelumbonaceae

莲 *Nelumbo nucifera*

科属 莲科莲属

别名 荷、荷花、莲花、水芙蓉

形态特征：多年生水生草本，根状茎横生，肥厚，节间膨大，内有多数纵行通气孔道。叶圆形，盾状，直径 25~90 cm；花直径 10~20 cm，美丽，芳香；花瓣红色、粉红色或白色，矩圆状椭圆形至倒卵形；坚果；种子（莲子）卵形或椭圆形；花期 6~8 月，果期 8~10 月。

生境与分布：自生或栽培在池塘或水田内，垂直分布可达海拔 2000 m。除西藏自治区和青海省外，全国大部分地区都有分布。

主要用途：莲各部分均可药用。有活血止血、去湿消风、清心凉血、解热解毒的功效。同时还有良好的食用价值和观赏价值。

睡莲科 Nymphaeaceae

芡 *Euryale ferox*

科属 睡莲科芡属

别名 鸡头莲、鸡头荷、刺莲藕、假莲藕

形态特征：一年生大型水生草本。沉水叶箭形或椭圆肾形；浮水叶椭圆肾形至圆形，盾状，两面在叶脉分枝处有锐刺；花瓣矩圆状披针形或披针形，紫红色，成数轮排列；浆果球形，乌紫红色；花期 7~8 月，果期 8~9 月。

生境与分布：生在池塘、湖沼中。产于我国南北各省。

主要用途：种子供药用，有固肾涩精、补脾止泄、补中益气，提神强志的功效，主治遗精、淋浊、带下病、小便不禁、大便泄泻、风湿性关节炎、腰背膝痛。可食用。

萍蓬草 *Nuphar pumila*

科属 睡莲科萍蓬草属

别名 黄金莲、萍蓬莲

形态特征：多年水生草本。叶纸质，宽卵形或卵形，少数椭圆形；花直径3~4 cm；花梗长40~50 cm，有柔毛；萼片黄色；花瓣窄楔形；柱头盘常10浅裂，淡黄色或带红色；浆果卵形；花期5~7月，果期7~9月。

生境与分布：分布于广东、福建、江苏、浙江、江西、四川、吉林、黑龙江、新疆等地。

主要用途：根状茎可食用，也可供药用，有清虚热、止汗、止咳、止血、祛瘀调经的功效。主治劳热、骨蒸、盗汗、肺痨咳嗽、月经不调、刀伤。为观花、观叶植物。

睡莲 *Nymphaea tetragona*

科属 睡莲科睡莲属

别名 子午莲、水芹花、瑞莲、水洋花

形态特征：多年水生草本。叶纸质，心状卵形或卵状椭圆形全缘；叶柄长达60 cm；花直径3~5 cm；花梗细长；花萼基部四棱形；花瓣白色；雄蕊比花瓣短；浆果球形；花期6~8月，果期8~10月。

生境与分布：生在池沼中。我国广泛分布，俄罗斯、朝鲜、日本、印度、越南、美国均有分布。

主要用途：根茎入药，用作强壮剂、收敛剂，主治肾炎病。茎及花瓣也可食用，也可入药，能治小儿慢惊风。观赏植物，能净化水质。

莼菜科 Cabombaceae

水盾草 *Cabomba caroliniana*

科属 莼菜科水盾草属

别名 竹节水松、白花莼菜、水松、鱼草

形态特征：多年生沉水植物。茎细长；叶两型，沉水叶对生，圆扇形，掌状分裂，裂片3~4次二叉分裂；浮水叶少数，在花枝顶端互生，叶片狭椭圆形，盾状着生；花朵单出，腋生，萼片3，基部黄色；花冠白色；雄蕊5，雌蕊心皮2枚分离。

生境与分布：生于平原水网地带的河流、湖泊、运河和渠道中。原产于南美，已在日本和澳大利亚成为归化种，在中国通常开花却不结实。

主要用途：水族馆观赏植物。

金鱼藻科 Ceratophyllaceae

金鱼藻 *Ceratophyllum demersum*

科属 金鱼藻科金鱼藻属

别名 软草、灯笼丝、松藻、鱼草

形态特征：多年生沉水草本，茎长40~150 cm，具分枝。叶4~12轮生，边缘仅一侧有数细齿；苞片9~12，条形；雄蕊10~16；子房卵形，花柱钻状；坚果宽椭圆形，黑色，有3刺；花期6~7月，果期8~10月。

生境与分布：生于海拔2700 m以下的淡水池沼、湖泊及河沟中，常形成密集的水下群落。世界广布种，我国广泛分布。

主要用途：全草药用，有凉血、止血、清热利水的功效，主治血热吐血、咯血、热淋涩痛。可作猪、鱼及家禽的饲料，也可作人工养殖鱼缸布景。

毛茛科 Ranunculaceae

威灵仙
Clematis chinensis

科属 毛茛科铁线莲属

别名 白钱草、百根草、避蛇生、杜灵仙

形态特征：木质藤本，干后变黑色。茎、小枝近无毛或疏生短柔毛；一回羽状复叶有5枚小叶；小叶片纸质，卵形至卵状披针形，或为线状披针形、卵圆形；常为圆锥状聚伞花序，多花，腋生或顶生；花直径1~2 cm；瘦果；花期6~9月，果期8~11月。

生境与分布：生于山坡、山谷灌丛中或沟边、路旁草丛中。分布于云南（南部）、贵州，长江以南以及华东地区。越南也有分布。

主要用途：根入药，有祛风湿、利尿、通经、镇痛的功效，主治风寒湿热、偏头疼、黄胆浮肿、腰膝腿脚冷痛。鲜株能治急性扁桃体炎、咽喉炎。根治丝虫病，外用治牙痛。全株可作农药，防治造桥虫、菜青虫、地老虎、孑孓等。

茴茴蒜 *Ranunculus chinensis*

科属 毛茛科毛茛属

别名 地桑葚、鹅巴掌、番禺毛茛、华毛茛

形态特征：一年生草本，须根多数簇生。茎直立粗壮，高20~70 cm；基生叶与下部叶有长达12 cm的叶柄，为三出复叶，叶片宽卵形至三角形，小叶2~3深裂；花序有较多疏生的花，花梗贴生糙毛；花瓣5，宽卵圆形；聚合果长圆形，瘦果扁平；花果期5~9月。

生境与分布：分布于我国广大地区，生于海拔700~2500 m的平原与丘陵、溪边、田旁的水湿草地。

主要用途：全草入药，有清热解毒、杀虫截疟的功效，主治肝炎、哮喘。

石龙芮 *Ranunculus sceleratus*

科属 毛茛科毛茛属

别名 野芹菜、水芹菜、鬼见愁、黄花菜

形态特征： 一年生草本，茎直立，高10~50 cm。基生叶多数；叶片肾状圆形；茎生叶多数；聚伞花序有多数花；花小；花梗长 1~2 cm，无毛；萼片椭圆形，花瓣 5，倒卵形；瘦果极多数，倒卵球形；花果期 5~8 月。

生境与分布： 生于河沟边及平原湿地。全国各地均有分布。

主要用途： 全草含原白头翁素，有毒，有清热解毒、消肿散结、止痛、截疟的功效，主治痈疖肿毒、毒蛇咬伤、痰核瘰疬、风湿关节肿痛、牙痛、疟疾。

扬子毛茛 *Ranunculus sieboldii*

科属 毛茛科毛茛属

别名 半匍匐毛茛、地胡椒、黄花草

形态特征： 多年生草本。茎铺散，斜升，高 20~50 cm；叶片圆肾形至宽卵形。花与叶对生；花梗长 3~8 cm，密生柔毛；萼片狭卵形，外面生柔毛，花期向下反折；花瓣 5，黄色或上面变白色；花托粗短，密生白柔毛；聚合果圆球形；花果期5~10 月。

生境与分布： 生于海拔 300~2500 m 的山坡林边及平原湿地。分布于我国大部分地区。

主要用途： 有截疟、拔毒、消肿的功效。外用于肿毒、疮毒、腹水、浮肿。

猫爪草 *Ranunculus ternatus*

科属 毛茛科毛茛属

别名 小毛茛、三散草、黄花草、金花草

形态特征：一年生草本，茎铺散，高5~20 cm。基生叶有长柄；叶片形状多变，单叶或三出复叶，宽卵形至圆肾形；花单生茎顶和分枝顶端；花瓣5~7或更多，黄色或后变白色，倒卵形；聚合果近球形，瘦果卵球形；春季3月开花，果期4~7月。

生境与分布：生于平原湿草地或田边荒地。在我国分布于广西、台湾、江苏、浙江、江西、湖南、安徽、湖北、河南等省。

主要用途：主治瘰疬痰核、疔疮、虫蛇咬伤、偏头痛、疟疾、牙痛。

天葵 *Semiaquilegia adoxoides*

科属 毛茛科天葵属

别名 紫背天葵、夏无踪、旱铜钱草

形态特征：高10~32 cm。基生叶多数，为掌状三出复叶；叶片轮廓卵圆形至肾形；小叶扇状菱形或倒卵状菱形；茎生叶与基生叶相似；花小；萼片白色，常带淡紫色，狭椭圆形；花瓣匙形；种子卵状椭圆形；3~4月开花，4~5月结果。

生境与分布：生于海拔100~1050 m间的疏林下、路旁或山谷地的较阴处。分布于我国大部分地区。

主要用途：根可治疔疮疖肿、乳腺炎、扁桃体炎、淋巴结核、跌打损伤等症。块根也可作土农药，防治蚜虫、红蜘蛛、稻螟等虫害。

木通科 Lardizabalaceae

大血藤 *Sargentodoxa cuneata*

科属 木通科大血藤属

别名 红皮藤、千年健、大活血、五花血藤

形态特征： 落叶木质藤本，长达到10余米。三出复叶；小叶革质，顶生小叶近棱状倒卵圆形；总状花序，雄花与雌花同序或异序；花瓣6，圆形；雌蕊多数，螺旋状生于卵状突起的花托上；浆果近球形，成熟时黑蓝色；花期4~5月，果期6~9月。

生境与分布： 常见于山坡灌丛、疏林和林缘等。产于陕西、四川、贵州、湖北、湖南、云南、广西、广东、海南、江西、浙江、安徽。

主要用途： 有败毒消痈、活血通络、祛风杀虫的功效，主治阑尾炎、风湿痹痛、赤痢、血淋、月经不调、疳积、虫痛、跌扑损伤。

小檗科 Berberidaceae

南天竹 *Nandina domestica*

科属 小檗科南天竹属

别名 蓝田竹、南天竺、红杷子、小铁树

形态特征： 常绿小灌木，茎常丛生而少分枝，高1~3 m。三回羽状复叶互生；二至三回羽片对生；小叶椭圆形或椭圆状披针形；圆锥花序直立；花小，白色，具芳香；花瓣长圆形；雄蕊6；浆果球形，熟时鲜红色，稀橙红色；花期3~6月，果期5~11月。

生境与分布： 生于山地林下沟旁、路边或灌丛中，海拔1200 m以下。产于福建、山东、江苏、湖北、广东、四川、云南、陕西、河南等省。

主要用途： 为优良的观赏植物。根、叶具有强筋活络、消炎解毒之功效，果为镇咳药，但过量有中毒之虞。

防己科 Menispermaceae

木防己 *Cocculus orbiculatus*

科属 防己科木防己属

别名 土防己、青藤根、青藤香、白木香

形态特征：木质藤本。叶形状变异极大；聚伞花序少花，腋生，或排成多花；狭窄聚伞圆锥花序，顶生或腋生；雄花小苞片 2 或 1，紧贴花萼；萼片 6；花瓣 6；雄蕊 6；雌花萼片和花瓣与雄花相同；退化雄蕊 6，微小；核果近球形，红色至紫红色。

生境与分布：生于灌丛、村边、林缘等处。中国大部分地区都有分布，以长江流域中下游及其以南各省区常见。

主要用途：有祛风止痛、行水清肿、解毒、降血压的功效，主治风湿痹痛、神经痛、肾炎水肿、尿路感染。外治跌打损伤、蛇咬伤。藤可编织。根含淀粉，可酿酒。

千金藤 *Stephania japonica*

科属 防己科千金藤属

别名 粉防己、金线吊青蛙、野薯藤、山乌龟

形态特征：木质藤本。叶盾状着生，阔卵形；花序伞状至聚伞状；花黄绿色；雄花萼片 6~8，花瓣 3~5，雄蕊 6，合生；雌花萼片和花瓣 3~5；核果近球形，成熟时红色；花期 6~7 月，果期 8~9 月。

生境与分布：生长在路旁、沟边及山坡林下。我国长江流域以南各省均有分布。

主要用途：根和茎药用，有清热利尿、消肿解毒的功效，主治咽喉肿痛、牙痛、胃痛、水肿、脚气、尿急尿痛、小便不利、外阴湿疹、风湿关节痛。外用治跌打损伤、毒蛇咬伤、痈肿疮疖。

木兰科 Magnoliaceae

鹅掌楸 *Liriodendron chinense*

科属 木兰科鹅掌楸属

别名 马褂木、双飘树、鸭脚掌

形态特征：乔木，高达 40 m。叶马褂状，近基部每边具 1 枚侧裂片，先端具 2 浅裂；花杯状，花被片 9，外轮 3 片绿色，萼片状；内两轮 6 片，直立，花瓣状，倒卵形，绿色；聚合果；花期 5 月，果期 9~10 月。

生境与分布：生于海拔 900~1 000 m 的山地林中。产于陕西（镇巴）、安徽、浙江、江西（庐山）、福建（武夷山）、湖北（房县、巴东、建始、利川）、湖南、广西、四川、贵州、云南，台湾有栽培，越南北部也有分布。

主要用途：国家二级重点保护野生植物。果实、叶、根和树皮入药。树皮治因受水湿风寒所引起的咳嗽、气急、口渴、四肢微浮。根能祛风除湿、强筋壮骨。果实、叶可治疗咳嗽、呼吸道感染。为建筑、造船、家具、细木工的优良用材，亦可制胶合板。为观赏植物。

荷花木兰 *Magnolia grandiflora*

科属 木兰科木兰属

别名 广玉兰、洋玉兰、荷花玉兰、玉兰花

形态特征：常绿乔木，高达 30 m。叶厚革质，椭圆形，长圆状椭圆形或倒卵状椭圆形；花白色，有芳香，直径 15~20 cm；花被片 9~12，厚肉质，倒卵形；聚合果圆柱状长圆形或卵圆形，蓇葖背裂，外种皮红色；花期 5~6 月，果期 9~10 月。

生境与分布：原产于美国东南部，现分布在北美洲，我国长江流域及以南地区。

主要用途：主治高血压。叶厚而有光泽，花大而香，聚合果成熟后，蓇葖开裂露出鲜红色的种子也颇美观，为珍贵的观赏树种之一。

含笑 *Michelia figo*

科属 木兰科含笑属

别名 含笑梅、香蕉花、杏花、醉香含笑

形态特征： 常绿灌木，高 2~3m。叶革质，狭椭圆形或倒卵状椭圆形，托叶痕长达叶柄顶端；花直立，淡黄色而边缘有时红色或紫色，具浓甜的芳香，花被片 6，肉质，较肥厚，长椭圆形；聚合果；花期 3~5 月，果期 7~8 月。

生境与分布： 生于阴坡杂木林中。原产于华南南部各省区，广东鼎湖山有野生，现广植于中国各地。

主要用途： 具有活血调经、养肤养颜、安神减压、纤身美体、保健强身和祛病延年的功效。为观赏植物。

深山含笑 *Michelia maudiae*

科属 木兰科含笑属

别名 大花含笑、光叶白兰、光叶白兰花

形态特征： 乔木，高达 20 m。叶革质；花梗绿色具 3 枚环状苞片脱落痕，佛焰苞状苞片淡褐色，薄革质；花芳香，花被片 9 片，纯白色；心皮绿色；聚合果长 7~15 cm，蓇葖长圆体形、倒卵圆形、卵圆形、顶端圆钝或具短突尖头；花期 2~3 月，果期 9~10 月。

生境与分布： 生于海拔 600~1 500 m 的密林中。产于浙江（南部）、福建、湖南、广东、广西、贵州。

主要用途： 庭园观赏树种，可提取芳香油，亦供药用。有散风寒、通鼻窍、行气止痛、清热解毒、行气化浊、止咳的功效。

华中五味子

Schisandra sphenanthera

科属 木兰科五味子属

别名 五味子

形态特征：落叶木质藤本。叶纸质，倒卵形、宽倒卵形，长 5~11 cm，宽 3~7 cm；叶柄红色，长 1~3 cm；花生于近基部叶腋，花被片 5~9，橙黄色，椭圆形或长圆状倒卵形；聚合果果托长 6~17 cm，具短柄；花期 4~7 月，果期 7~9 月。

生境与分布：生于海拔 600~3000 m 的湿润山坡边或灌丛中，喜阴凉湿润气候，耐寒。产于山西、陕西、甘肃、山东、江苏、安徽、浙江、江西、福建、河南、湖北、湖南、四川、贵州、云南（东北部）。

主要用途：果实入药，味酸、性温。有收敛固涩、益气生津、宁心安神的功效。枝叶繁茂，夏有香花、秋有红果，是庭园和公园垂直绿化的良好树种。

玉兰 *Yulania denudata*

科属 木兰科玉兰属

别名 木兰、玉兰花、白兰花

形态特征：落叶乔木，高达 25 m。叶纸质；花先叶开放，直立，芳香，直径 10~16 cm；花梗显著膨大，密被淡黄色长绢毛；花被片 9，白色。聚合果；蓇葖厚木质，褐色；外种皮红色，内种皮黑色。花期 2~3 月（亦常于 7~9 月再开一次花），果期 8~9 月。

生境与分布：产于江西、浙江、湖南、贵州，生于海拔 500~1000 m 的林中。长江流域各省区多栽培。

主要用途：早春白花满树，艳丽芳香，为驰名中外的庭园观赏树种。材质优良，纹理直，结构细，供家具、图板、细木工等用；花蕾入药与“辛夷”功效相同；花含芳香油，可提取配制香精或制浸膏；花被片食用或用以熏茶；种子榨油供工业用。

紫玉兰（辛夷）*Yulania liliiflora*

科属 木兰科玉兰属

别名 林枇杷叶、木笔

形态特征：落叶灌木，高达 3 m。叶椭圆状倒卵形或倒卵形；花叶同时开放，瓶形，直立于粗壮、被毛的花梗上，稍有香气；花被片 9~12，外轮 3 片萼片状，紫绿色，披针形，内两轮肉质，外面紫色或紫红色；聚合果深紫褐色；成熟蓇葖近圆球形；花期 3~4 月，果期 8~9 月。

生境与分布：生于海拔 300~1 600 m 的山坡林缘。产于福建、湖北、四川、云南（西北部）。

主要用途：观赏树种。树皮、叶、花蕾均可入药。花蕾晒干后称辛夷，气香、味辛辣，含柠檬醛、丁香油酚、桉油精为主的挥发油，主治鼻炎、头痛，可作镇痛消炎剂。

蜡梅科 Calycanthaceae

蜡梅 *Chimonanthus praecox*

科属 蜡梅科蜡梅属

别名 臭蜡梅、大叶蜡梅、黄梅花、荷花蜡梅

形态特征：落叶灌木，高达 4 m。叶纸质至近革质，卵圆形、椭圆形、宽椭圆形至卵状椭圆形，有时长圆状披针形；花着生于第二年生枝条叶腋内，先花后叶，有芳香气味；雄蕊长 4 mm；果托近木质化；花期 11 月至翌年 3 月，果期 4~11 月。

生境与分布：野生于山东、江苏、安徽、浙江、福建、江西、湖南、湖北、河南、陕西、四川、贵州、云南等省的山地林中，日本、朝鲜和欧洲、美洲均有引种栽培。

主要用途：有解暑生津、开胃散郁、解毒生肌、止咳的功效，主治暑热头晕、呕吐、热病烦渴、气郁胃闷、咳嗽等疾病。为我国特有的珍贵观赏花木。

樟科 Lauraceae

樟 *Cinnamomum camphora*

科属 樟科樟属

别名 香樟、乌樟、樟木子、脑樟

形态特征：常绿大乔木，高可达 30 m。枝、叶及木材均有樟脑气味；叶互生，卵状椭圆形，具离基三出脉；圆锥花序腋生；花绿白或带黄色；花被筒倒锥形，能育雄蕊 9；果卵球形或近球形，紫黑色；果托杯状；花期 4~5 月，果期 8~11 月。

生境与分布：常生于山坡或沟谷中，常有栽培。本种产于南方及西南各省区。

主要用途：国家二级重点保护野生植物。樟脑可供医药、塑料、炸药、防腐、杀虫等用。樟油可作农药、肥皂、假漆及香精等原料。木材质优，抗虫害、耐水湿、有香气，可供建筑、造船、家具、雕刻等用。枝叶浓密，树形美观可作绿化行道树及防风林。

山胡椒 *Lindera glauca*

科属 樟科山胡椒属

别名 雷公子、野胡椒、香叶子

形态特征：落叶灌木或小乔木，高可达 8 m。叶互生，宽椭圆形、椭圆形、倒卵形到狭倒卵形；伞形花序腋生，每总苞有 3~8 朵花；雄花花被片黄色，雄蕊 9；雌花花被片黄色；花期 3~4 月，果期 7~8 月。

生境与分布：生于海拔 900 m 以下的山坡、林缘、路旁。产于山东、甘肃、江苏、江西、福建、台湾、广东、湖北、四川等省区。

主要用途：叶可温中散寒、破气化滞、祛风消肿。根治劳伤脱力、水湿浮肿、四肢酸麻、风湿性关节炎、跌打损伤。果治胃痛。木材可制家具。

绿叶甘橿 *Lindera neesiana*

科属　樟科山胡椒属

别名　官桂、绿叶甘姜、香叶树

形态特征： 落叶灌木或小乔木，高达 6 m。叶互生，卵形至宽卵形；伞形花序，具总梗，内有花 7~9 朵；雌蕊凸字形；雌花花被片黄色，宽倒卵形；子房椭圆形；果近球形；花期 4 月，果期 9 月。

生境与分布： 生于海拔 2300 m 以下的山坡、路旁、林下及林缘。产于河南、陕西、安徽、浙江、江西、湖北、湖南、贵州、四川、云南、西藏等省区。

主要用途： 果实用于治疗胃寒痛、胸腹胀满、肋下气痛。

檫木 *Sassafras tzumu*

科属　樟科檫木属

别名　半风樟、擦树、长毛叶枝桐

形态特征： 落叶乔木。叶互生，聚集于枝顶，卵形或倒卵形，羽状脉或离基三出脉；花序顶生，先叶开放；花黄色，雌雄异株；果近球形，成熟时蓝黑色而带有白蜡粉，着生于浅杯状的果托上；花期 3~4 月，果期 5~9 月。

生境与分布： 常生于疏林或密林中，海拔 150~1900 m。产于浙江、江苏、安徽、江西、福建、广东、广西、湖南、湖北、四川、贵州及云南等省区。

主要用途： 根、根皮、树皮主治风湿骨痛、半身不遂。

罂粟科 Papaveraceae

夏天无 *Corydalis decumbens*

科属 罂粟科紫堇属

别名 伏茎紫堇、落水珠、炮仗花、无柄紫堇

形态特征：茎高 10~25 cm。叶二回三出，小叶片倒卵圆形；总状花序疏具 3~10 朵花；花近白色至淡粉红色或淡蓝色；外花瓣顶端下凹，常具狭鸡冠状突起；内花瓣具超出顶端的宽而圆的鸡冠状突起；蒴果线形。

生境与分布：生于海拔 80~300 m 的山坡或路边。产于江苏、安徽、浙江、福建、江西、湖南、湖北、山西、台湾。

主要用途：块茎可治疗高血压、偏瘫、腰肌劳损、风湿关节炎、坐骨神经痛及小儿麻痹症等。

紫堇 *Corydalis edulis*

科属 罂粟科紫堇属

别名 断肠草、蝎子花、麦黄草、水黄连

形态特征：一年生草本，高 10~30 cm，无毛。基生叶，有长柄；总状花序顶生或与叶对生，长 3~10 cm，疏具花 5~8 朵；花冠淡粉紫红色；蒴果条形，具轻微肿节；花期 3~4 月，果期 4~5 月。

生境与分布：生于池塘边、路边、林下、多石处等潮湿的地方。我国长江中、下游各省，北至河南和陕西（南部）都有分布。

主要用途：具有清热解毒、杀虫止痒之功效，主治肺痨咯血、遗精、疮毒、秃疮、蛇咬伤。

蛇果黄堇 *Corydalis ophiocarpa*

科属 罂粟科紫堇属

别名 臭香草、断肠草、黄堇

形态特征：丛生灰绿色草本，高 30~120 cm。叶片长圆形，二回至一回羽状全裂，一回羽片 4~5 对；总状花序；苞片线状披针形；花淡黄色至苍白色；子房线形；柱头具 4 枚乳突，顶生 2 枚呈广角状叉分，侧生 2 枚呈两臂状伸出，先下弯再弧形上伸；蒴果线形；花果期 5~7 月。

生境与分布：生于海拔 200~4000 m 的沟谷林缘，产于我国大部分地区。

主要用途：观赏植物。

博落回 *Macleaya cordata*

科属 罂粟科博落回属

别名 勃勒回、菠萝筒、大叶莲

形态特征：直立草本，基部木质化，具乳黄色浆汁。茎高 1~4 m，光滑，多白粉，中空，上部多分枝；叶片宽卵形或近圆形；大型圆锥花序多花，长 15~40 cm，顶生和腋生；花梗长 2~7 mm；蒴果狭倒卵形或倒披针形；种子 4~6（8）枚；花果期 6~11 月。

生境与分布：生于海拔 150~830 m 的丘陵、低山林中、灌丛中或草丛间。我国长江以南、南岭以北的大部分省区均有分布，日本也有产。

主要用途：全草有大毒，不可内服，主治跌打损伤、关节炎、汗斑、恶疮、蜂螫伤，并有麻醉镇痛和消肿的功效。作农药可防治稻椿象、稻苞虫、钉螺等。

虞美人 *Papaver rhoeas*

科属 罂粟科罂粟属

别名 百般娇、蝴蝶满园春、锦被花、丽春草

形态特征：一年生草本，茎直立，高 25~90 cm。叶互生，叶片轮廓披针形或狭卵形，羽状分裂，下部全裂；花单生于茎和分枝顶端；花瓣 4，紫红色；雄蕊多数；蒴果宽倒卵形；花果期 3~8 月。

生境与分布：原产于欧洲，我国各地常见栽培。

主要用途：花和全株入药，含多种生物碱，有镇咳、止泻、镇痛、镇静等功效，主治咳嗽、痢疾、腹痛。其种子可抗癌化瘤，延年益寿。花多彩多姿，颇为美观，为观赏植物。

白花菜科 Cleomaceae

黄花草 *Arivela viscosa*

科属 白花菜科黄花草属

别名 黄花菜、臭矢菜、向天黄

形态特征：一年生直立草本，高 0.3~1 m，全株密被黏质腺毛与淡黄色柔毛，有恶臭气味。叶为具 3~5(7) 枚小叶的掌状复叶；小叶薄草质；总状或伞房状花序；花瓣淡黄色或橘黄色，倒卵形或匙形；果直立，密被腺毛，果瓣宿存；通常 3 月出苗，7 月果熟。

生境与分布：生于山坡、路边。分布在云南、广西、广东、湖南、江西、福建、台湾，热带广布。

主要用途：种子既可作药用，主治劳伤，也可榨油。

羊角菜 *Cleome gynandra*

科属 白花菜科白花菜属

别名 白花菜、五梅草、臭花菜、猪屎草

形态特征：一年生直立分枝草本，有恶臭，高约 1m，常被腺毛。叶为包括 3~7 枚小叶的掌状复叶，小叶倒卵状椭圆形、倒披针形或菱形；总状花序，苞片由 3 枚小叶组成；花瓣白色，少有淡黄色或淡紫色；果圆柱形，斜举；花果期 7~10 月。

生境与分布：为低海拔村边、道旁、荒地或田野间常见杂草。广泛分布于黄河以南等省区。

主要作用：全草入药，味苦辛微毒，主治风湿痹痛、跌打损伤、疟疾、痢疾、白带、痔疮。

十字花科 Brassicaceae

鼠耳芥 *Arabidopsis thaliana*

科属 十字花科鼠耳芥属

别名 拟南芥、拟南芥菜、阿拉伯鼠耳芥

形态特征：一年生细弱草本，高 20~35 cm。基生叶莲座状，倒卵形或匙形；茎生叶无柄，披针形，条形、长圆形或椭圆形；花序为疏松的总状花序；萼片长圆卵形；花瓣白色，长圆条形；角果；花期 4~6 月。

生境与分布：生于平地、山坡、河边、路边。产于华东、中南、西北及西部各省区。

主要用途：遗传学等研究的良好材料，被科学家誉为“植物中的果蝇”，为模式植物。

芥菜 *Brassica juncea*

科属　十字花科芸苔属

别名　雪菜、香青菜、雪里花、雪里蕻

形态特征： 一年生草本植物，芥菜的变种。叶子深裂，边缘皱缩；花冠十字形，黄色，四强雄蕊，异花传粉，但自交也能结实。

生境与分布： 分布于我国南北各省。

主要用途： 有解毒消肿、开胃消食、温中利气、明目、利膈之功效，主治疮痈肿痛、胸膈满闷、咳嗽痰多、耳目失聪、牙龈肿烂、便秘等病症。茎和叶子是普通蔬菜，通常腌着吃。

芸苔 *Brassica rapa* var. *oleifera*

科属　十字花科芸苔属

别名　油菜、唐本草

形态特征： 二年生草本，高 30~90 cm。基生叶大头羽裂，顶裂片圆形或卵形；下部茎生叶羽状半裂，长 6~10 cm；上部茎生叶长圆状倒卵形、长圆形或长圆状披针形，抱茎；总状花序在花期成伞房状；花鲜黄色；花瓣倒卵形；长角果线形；花期 3~4 月，果期 5 月。

生境与分布: 产于陕西、江苏、安徽、浙江、江西、湖北、湖南、四川，甘肃有大量栽培。

主要用途： 种子药用，能行血散结消肿。叶可外敷痈肿。为主要油料植物之一，种子含油量为 40%左右，油供食用。嫩茎叶和总花梗可作蔬菜。

荠菜 *Capsella bursa-pastoris*

科属 十字花科荠属

别名 荠、铲铲草、地菜、地米菜

形态特征：一年或二年生草本，高 7~50 cm。基生叶丛生呈莲座状；总状花序顶生及腋生；萼片长圆形；花瓣白色，卵形，有短爪；短角果倒三角形或倒心状三角形；花果期 4~6 月。

生境与分布：生在山坡、田边及路旁，分布几遍全国。

主要用途：全草入药，有利尿、止血、清热、明目、消积功效。茎叶作蔬菜食用。种子含油 20% ~30%，属干性油，供制油漆及肥皂用。

碎米荠 *Cardamine hirsuta*

科属 十字花科碎米荠属

别名 宝岛碎米荠、见肿消、毛碎米荠

形态特征：多年生草本，高 10~25 cm。基生叶莲座状，顶生小叶掌状 3~5 浅裂；总状花序顶生；萼片长形或卵形；花瓣白色、粉红色或淡紫色，倒卵状楔形；幼果线形而扁；花期 4~8 月，果期 7 月以后。

生境与分布：生于高山湿润草地及山坡溪边，海拔 2700~4300 m。

主要用途：有疏风清热、利尿解毒之功效，主治痢疾肠炎、乳糜尿及各种出血。

臭荠 *Coronopus didymus*

科属 十字花科臭荠属

别名 臭菜、臭蒿子、臭草、肾果芥

形态特征：一年或二年生匍匐草本，高50~80 cm。叶为一回或二回羽状全裂，幼苗及叶片揉烂后有臭味；总状花序腋生，长可达 4 cm，花极小，白色；短角果肾形，果瓣半球形，表面有粗糙皱纹，种子肾形，红棕色；花期 3 月，果期 4~5 月。

生境与分布：常生于旱作物地、果园、荒地及路旁。原产南美洲，现已广泛分布于欧洲、北美洲、亚洲。我国分布于山东、安徽、江苏、浙江、福建、台湾、湖北、江西、广东、香港、四川、云南。

主要用途：为麦田、玉米、大豆等多种作物的杂草之一。

北美独行菜 *Lepidium virginicum*

科属 十字花科独行菜属

别名 大叶香荠、大叶香荠菜、独行菜

形态特征：一年或二年生草本，高 20~50 cm。基生叶倒披针形，长 1~5 cm，羽状分裂或大头羽裂；总状花序顶生；花瓣白色，倒卵形；雄蕊 2 或 4；短角果近圆形，长 2~3 mm，宽 1~2 mm；果梗长2~3 mm；种子卵形，长约 1 mm，光滑；花期 4~5 月，果期 6~7 月。

生境与分布：生在田边或荒地，为田间杂草。产于山东、河南、安徽、江苏、浙江、福建、湖北、江西、广西。原产美洲，欧洲也有分布。

主要用途：种子入药，有利水平喘的功效，也可作葶苈子用。全草可作饲料。

诸葛菜 *Orychophragmus violaceus*

科属 十字花科诸葛菜属

别名 二月兰、菜籽花、翠紫花、湖北诸葛菜

形态特征： 一年或二年生草本，高10~50 cm。基生叶及下部茎生叶大头羽状全裂，顶裂片近圆形或短卵形；上部叶长圆形或窄卵形；花紫色、浅红色或褪成白色；花萼筒状，紫色；花瓣宽倒卵形；长角果线形，具4棱；花期4~5月，果期5~6月。

生境与分布： 生在平原、山地、路旁或地边。产于辽宁、河北、山西、山东、河南、安徽、江苏、浙江、湖北、江西、陕西、甘肃、四川，朝鲜也有分布。

主要用途： 嫩茎叶可炒食，种子可榨油。

萝卜 *Raphanus sativus*

科属 十字花科萝卜属

别名 白萝卜、白萝卜子

形态特征： 二年或一年生草本，高20~100 cm。总状花序顶生及腋生；花白色或粉红色；萼片长圆形；花瓣倒卵形，具紫纹；长角果圆柱形；花期4~5月，果期5~6月。

生境与分布： 原产我国，各地均有栽培。

主要用途： 根供食用，为我国主要蔬菜之一，种子含油42%，可用于制肥皂或作润滑油。种子、鲜根、叶均可入药，有下气消积的功效。

球果蔊菜 *Rorippa globosa*

科属　十字花科蔊菜属

别名　风花菜、圆果蔊菜、银条菜

形态特征：一年或二年生直立粗壮草本，高 20~80 cm。叶基部下延成短耳状而半抱茎；总状花序多数，呈圆锥花序式排列；花小，黄色，具细梗；萼片 4；花瓣 4，倒卵形；短角果实近球形，果瓣隆起；花期 4~6 月，果期 7~9 月。

生境与分布：生于河岸、湿地、路旁、沟边或草丛中，也生于干旱处，海拔30~2500 m。产于黑龙江、吉林、河北、山西、江苏、湖北、江西、广东、云南等地。

主要用途：有补肾、凉血功效，用于治疗乳痈。球果蔊菜很有驯化栽培前景，可作为低洼盐碱地的饲用植物。

景天科 Crassulaceae

珠芽景天 *Sedum bulbiferum*

科属　景天科景天属

别名　零余子景、马屎花、小箭草、小六儿令、珠芽半枝

形态特征：多年生草本。茎高 7~22 cm，茎下部常横卧。叶腋常有圆球形、肉质、小形珠芽着生；花序聚伞状，分枝 3，常再二歧分枝；萼片 5，披针形至倒披针形，有短距，先端钝；花瓣 5，黄色；花期 4~5 月。

生境与分布：生于海拔 1000 m 以下的低山、平地树荫下；产于广西、广东、福建、四川、湖北、湖南、江西、安徽、浙江、江苏。

主要用途：全草供药用，有消炎解毒、散寒理气的功效，主治疟疾、食积、腹痛等症。外用于治疗痈肿疮毒。

垂盆草 *Sedum sarmentosum*

科属 景天科景天属

别名 狗牙齿、白蜈蚣、半枝莲、豆瓣菜

形态特征：多年生草本。3叶轮生，叶倒披针形至长圆形，有距；聚伞花序，萼片5，披针形至长圆形；花瓣5，黄色，披针形至长圆形；雄蕊10，较花瓣短；鳞片10，楔状四方形；花期5~7月，果期8月。

生境与分布：生于海拔1600 m以下的山坡阳处或石上，喜温暖湿润、半阴的环境。除西南、西北、东北外全国大部分地区有分布。朝鲜、日本也有分布。

主要用途：常用草药，用于治疗烫火伤、疮痈、毒蛇咬伤、痈肿恶疮、乳腺炎、腮腺炎、丹毒、疤疖等。

虎耳草科 Saxifragaceae

黄山溲疏 *Deutzia glauca*

科属 虎耳草科溲疏属

别名 大叶空心付常山、大叶老鼠竹、冬菊花

形态特征：灌木，高1.5~2 m。花枝长8~20 cm，具4~6枚叶，灰褐色或紫褐色；叶纸质，卵状长圆形或卵状椭圆形；圆锥花序，具多花；花蕾长圆形；花瓣白色；蒴果半球形；花期5~6月，果期8~9月。

生境与分布：生于海拔600~1200 m的林中。产于安徽、河南、湖北、浙江、江西。

主要用途：有截疟、消食、清热解毒、祛痰散结的功效。主治瘿瘤、食积腹胀、咽喉肿痛、皮肤癣癞、疮疖肿毒、疟疾。

中国绣球 *Hydrangea chinensis*

科属 虎耳草科绣球属

别名 狭瓣绣球、伞形绣球、绿瓣绣球、江西绣球

形态特征：灌木，高 0.5~2 m，一年生或二年生，小枝红褐色或褐色。叶薄纸质至纸质，长圆形或狭椭圆形；伞形或伞房聚伞花序顶生；花瓣黄色，椭圆形或倒披针形；蒴果卵球形；花期 5~6 月，果期 9~10 月。

生境与分布：生于山谷溪边疏林或密林，山坡、山顶灌丛或草丛中，海拔 360~2000 m。产于台湾、福建、浙江、安徽、江西、湖南、广西。

主要用途：有利尿、抗疟、祛瘀止痛、活血生新之功效，主治跌打损伤、骨折等。

虎耳草 *Saxifraga stolonifera*

科属 虎耳草科虎耳草属

别名 疼耳草、矮虎耳草、耳朵草、耳朵红

形态特征：多年生草本，高 8~45 cm。茎被长腺毛，具 1~4 枚苞片状叶；基生叶具长柄，叶片近心形、肾形至扁圆形，茎生叶披针形；聚伞花序圆锥状，花两侧对称；萼片在花期开展至反曲；花瓣白色，中上部具紫红色斑点，基部具黄色斑点，5 枚，羽状脉序；花果期 4~11 月。

生境与分布：生于海拔 400~4500 m 的林下、灌丛、草甸和阴湿岩隙。除西北、东北外，全国大部分地区都有分布。朝鲜、日本也有分布。

主要用途：全草入药，有祛风清热、凉血解毒的功效。主治风疹、湿疹、中耳炎、丹毒、咳嗽吐血、肺痈、崩漏、痔疾。现多作盆栽观赏。

海桐花科 Pittosporaceae

海桐 *Pittosporum tobira*

科属 海桐花科海桐花属

别名 海桐花、七里香、宝珠香

形态特征：常绿小乔木或灌木，株高可达 5 m。单叶互生，有时在枝顶呈轮生状，厚革质狭倒卵形；聚伞花序顶生；夏季开花，花白色或带黄绿色，芳香；萼片、花瓣、雄蕊各 5；蒴果近球形，有棱角，果瓣木质，成熟时 3 瓣裂，露出鲜红色种子；花期 3~5 月，果期 9~10 月。

生境与分布：产于我国江苏（南部）、浙江、福建、台湾、广东等地，朝鲜，日本亦有分布。

主要用途：根、叶和种子均入药。根能祛风活络、散瘀止痛；叶能解毒、止血；种子能涩肠、固精。可供观赏，对二氧化硫等有毒气体有较强的抗性。

金缕梅科 Hamamelidaceae

蜡瓣花 *Corylopsis sinensis*

科属 金缕梅科蜡瓣花属

别名 连核梅、连合子

形态特征：落叶灌木，高约 5 m。枝叶密生，枝有柔毛；叶互生，倒卵形至长椭圆状倒卵形，边缘为波状小锯齿；总状花序，花瓣阔匙形，呈蜡黄色，具幽香；蒴果卵形，两瓣开裂；花期 3~4 月，果期 9~10 月。

生境与分布：中国特产，分布于长江流域及以南各省区。

主要用途：主治恶寒发热、呕逆心跳、烦乱昏迷。

枫香树 *Liquidambar formosana*

科属 金缕梅科枫香树属

别名 白胶香、白香胶树、百日材

形态特征：乔木，高达 30 m。叶薄革质，阔卵形，掌状 3 裂，中央裂片较长，先端尾状渐尖，两侧裂片平展，基部心形；雄性短穗状花序常多个排成总状，雌性头状花序有花 24~43 朵；头状果序圆球形，木质，蒴果下半部藏于花序轴内。

生境与分布：多生于平地、村落附近及低山的次生林。产于我国秦岭及淮河以南各省，亦见于越南北部、老挝及朝鲜南部。

主要用途：根、叶及果实可入药，有祛风除湿，通络活血功效，叶为止血良药。树脂可作苏合香之代用品，药用有解毒止痛、止血生肌之效，又可作香料之定香剂。木材易加工。为园林绿化植物。

檵木 *Loropetalum chinense*

科属 金缕梅科檵木属

别名 白花檵木、纸末花、刺木花

形态特征：常绿或半落叶灌木至小乔木，芽体无鳞苞。叶互生，革质，全缘，托叶膜质；花 4~8 朵排成头状或短穗状花序，两性，4 数；花瓣带状，白色；雄蕊周位着生；蒴果木质，卵圆形；花期 3~4 月。

生境与分布：原产于我国，分布于华南、西南、华东各地。

主要用途：根、叶、花、果入药，能解热、止血、通经活络。木材坚实耐用，核和叶含鞣质，可提制栲胶。观赏价值较高。

红花檵木 *Loropetalum chinense* var. *rubrum*

科属 金缕梅科檵木属

别名 红继木、红梽木

形态特征：常绿灌木或小乔木。嫩枝被暗红色星状毛。叶互生，革质，卵形，全缘，嫩枝淡红色，越冬老叶暗红色。花 4~8 朵簇生于总状花梗上，呈顶生头状或短穗状花序，花瓣 4 枚，淡紫红色，带状线形。蒴果木质，倒卵圆形；种子长卵形，黑色，光亮。花期 4~5 月，果期 9~10 月。

生境与分布：主要分布于长江中、下游及以南地区，印度北部也有分布。

主要用途：广泛用于城市绿化美化。

杜仲科 Eucommiaceae

杜仲 *Eucommia ulmoides*

科属 杜仲科杜仲属

别名 丝楝树皮、丝棉皮、棉树皮、胶树

形态特征：落叶乔木，高达 20 m。树皮灰褐色，内含橡胶，折断拉开有多数细丝；叶椭圆形、卵形或矩圆形，薄革质，边缘有锯齿；花生于当年枝基部，雄花无花被；翅果扁平，长椭圆形，周围具薄翅；坚果位于中央，稍突起；种子扁平，线形；早春开花，秋后果实成熟。

生境与分布：生长于海拔 300~500 m 的低山、谷地或低坡的疏林里。现各地广泛栽种。

主要用途：树皮药用，可作强壮剂，可降血压，并能医腰膝痛、风湿及习惯性流产等。树皮可制造耐酸、碱容器及管道的衬里，木材供建筑及制家具。

蔷薇科 Rosaceae

龙牙草 *Agrimonia pilosa*

科属 蔷薇科龙牙草属

别名 仙鹤草、地仙草

形态特征：多年生草本，高 30~100 cm，全株具白色长毛，茎直立。单数羽状复叶互生，托叶卵形；总状花序，黄色，萼筒外面有槽并有毛，顶端生一圈钩状刺毛，裂片 5；花瓣 5；雄蕊 10；心皮 2；瘦果倒圆锥形；花期 7~8 月，果期 9~10 月。

生境与分布：生于海拔 500~1000 m 的荒地、山坡、路旁草地针阔混交林或疏林下、林缘、灌丛中、沟边等处。分布于中国各地。

主要用途：有止血、强心、强壮、止痢及消炎作用。主治脱力劳乏、妇女月经不调、红崩白带、胃寒腹痛、赤白痢疾、吐血、咯血、肠风、尿血、子宫出血、十二指肠出血等症。全草可提取仙鹤草素，为止血药。根芽能驱绦虫。可作饲料。

桃 *Amygdalus persica*

科属 蔷薇科桃属

别名 狗屎桃、桃树、离核毛桃皮、普通桃

形态特征：落叶乔木或灌木。幼叶后于花开放，稀与花同时开放，叶柄或叶边常具腺体；花单生，稀 2 朵生于一芽内，粉红色，罕白色，几无梗或具短梗，稀有较长梗；雄蕊多数；雌蕊 1，子房常具柔毛；核果；花期 3~4 月，果实成熟期因品种而异，通常为 8~9 月。

生境与分布：分布于亚洲中部至地中海地区，栽培品种全国各地均有分布。

主要用途：桃是我国原产植物，除作果树外，又是绿化和美化环境的优良树种。桃树的根、叶、花、种仁等均可入药。桃胶可作粘接剂。

梅 *Armeniaca mume*

科属 蔷薇科杏属

别名 梅花、红梅花、酸梅、苦李

形态特征：株高 5~10 m，干呈褐紫色。叶片广卵形至卵形，边缘具细锯齿；花每节 3~4 朵，无梗或短梗，原种呈淡粉红色或白色，栽培品种则为紫、红、彩斑至淡黄等，于早春先叶而开；花期，两广和云南地区为 12 月下旬 ~2 月上旬，北京地区为 4 月上旬。

生境与分布：原产于中国西南部，野梅在中国分布的次中心有 4 个，即川东、鄂西山区，鄂东南、赣东北、皖浙山区，两广、赣南山区和闽、台地区。

主要用途：梅果实主治下气，有除热烦满、安心、止肢体痛、偏枯不仁、死肌、去青黑痣、蚀恶肉的功效。梅花果为核果，味酸，可食用。梅同时具有很高的审美价值和观赏价值。

郁李 *Cerasus japonica*

科属 蔷薇科樱属

别名 赤李子、爵梅、秩李

形态特征：灌木，高 1~1.5 m。叶片卵形或卵状披针形，先端渐尖，基部圆形；花 1~3 朵，簇生，花叶同开或先叶开放；花瓣白色或粉红色，倒卵状椭圆形；核果近球形，深红色，直径约 1 cm；核表面光滑；花期 5 月，果期 7~8 月。

生境与分布：生于山坡林下、灌丛中，海拔 100~200 m。产于黑龙江、吉林、辽宁、河北、山东、浙江。日本和朝鲜也有分布。

主要用途：用于津枯肠燥、食积气滞、腹胀便秘、水肿、脚气、小便淋痛。

日本晚樱 *Cerasus serrulata* var. *lannesiana*

科属 蔷薇科樱属

别名 重瓣樱花

形态特征：乔木，高 3~8 m，树皮灰褐色或灰黑色，有唇形皮孔。叶片卵状椭圆形或倒卵状椭圆形，边有渐尖单锯齿及重锯齿；花序伞房总状或近伞形，有花 2~3 朵；萼筒管状；边全缘；花瓣白色，稀粉红色，倒卵形，先端下凹；雄蕊约 38；核果球形或卵球形，紫黑色；花期 4~5 月，果期 6~7 月。

生境与分布：原产日本，日本庭园中常见栽培，中国引入栽培。

主要用途：著名观赏植物。

皱皮木瓜 *Chaenomeles speciosa*

科属 蔷薇科木瓜海棠属

别名 川木瓜、吗果面、木瓜、贴梗海棠

形态特征：落叶灌木，高达 2 m。叶片卵形至椭圆形，稀长椭圆形；花先叶开放，3~5 朵簇生于二年生老枝上；萼筒钟状；花瓣倒卵形或近圆形，猩红色，稀淡红色或白色；雄蕊 45~50；花柱 5；果实球形或卵球形；花期 3~5 月，果期 9~10 月。

生境与分布：产于陕西、甘肃、四川、贵州、云南、广东。缅甸亦有分布。

主要用途：观赏花卉植物。

野山楂 *Crataegus cuneata*

科属 蔷薇科山楂属

别名 小叶山楂、红果子、浮萍果、大红子

形态特征：落叶灌木，高达 15 m。叶片宽倒卵形至倒卵状长圆形；伞房花序，具花 5~7 朵，苞片草质；花瓣近圆形或倒卵形，白色；雄蕊 20；果实近球形或扁球形，红色或黄色；花期 5~6 月，果期 9~11 月。

生境与分布：生于山谷、多石湿地或山地灌木丛中，海拔 250~2000 m。产于我国大部分地区。

主要用途：有消积散瘀、补脾健胃、行结气、化血块、活血的功效，主治反胃、小儿麻疹、产妇腰痛、妇人崩带、疝气、老人腰痛。

湖北山楂 *Crataegus hupehensis*

科属 蔷薇科山楂属

别名 猴楂子、酸枣、大山枣

形态特征：乔木或灌木，高达 3~5 m。叶片卵形至卵状长圆形；托叶草质，披针形或镰刀形，边缘具腺齿。伞房花序，具多花；花瓣卵形，白色；雄蕊 20，花药紫色。果实近球形，深红色，萼片宿存，反折。花期 5~6 月，果期 8~9 月。

生境与分布：生于山坡灌木丛中，海拔 500~2000 m。产于湖北、湖南、江西、江苏、浙江、四川、陕西、山西、河南。

主要用途：有破气散瘀、消积、化痰之功效，主治痢疾、产后瘀痛、绦虫病、高血压症、肉食积滞、肝脾肿大、血脂偏高。可作为园林绿化的观果树种。果可食或做山楂糕及酿酒。

蛇莓 *Duchesnea indica*

科属 蔷薇科蛇莓属

别名 地莓、蚕莓、三点红、蛇蛋果

形态特征： 多年生草本，三出复叶互生。花单生于叶腋；花瓣 5，黄色，倒卵形；雄蕊多数，着生于扁平花托上；聚合果成熟时花托膨大，海绵质，红色；瘦果小，多数，红色；花期 4~5 月，果期 5~6 月。

生境与分布： 生于海拔 1800 m 以下的林缘、疏林下，路边草地荒坡及田园边、公路旁边护坡。产于我国大部分地区。

主要用途： 具有清热、凉血、消肿、解毒的功效，主治热病、惊痫、咳嗽、吐血、咽喉肿痛、痢疾、痈肿、疔疮、蛇虫咬伤、烫火伤。蛇莓是优良的花卉，春季赏花、夏季观果。

枇杷 *Eriobotrya japonica*

科属 蔷薇科枇杷属

别名 芦橘、金丸、芦枝、炎果

形态特征： 常绿小乔木，高可达 10 m。叶披针形、长倒卵形或长椭圆形，边缘有疏锯齿；圆锥花序，花多而紧密；花序梗、花柄、萼筒密生锈色绒毛；花白色，芳香；果实圆形或椭圆形；花期 10~12 月，果期翌年 5~6 月。

生境与分布： 属亚热带树种，原产于中国福建、四川、陕西、湖北、浙江等省，现分布于中南及陕西、甘肃、江苏、江西、福建、台湾、四川、贵州、云南等地。

主要用途： 主治肺热咳喘、吐逆、烦渴、久咳不愈、阴虚肺燥、咯血、胃阴不足、咽干口渴、气失和降、干呕不欲食等症。果肉可食，也可作为园艺观赏植物。

棣棠花 *Kerria japonica*

科属 蔷薇科棣棠属

别名 地藏王花、地棠、蜂棠花、画眉杠

形态特征：落叶灌木，高 1~2 m，稀达 3 m，小枝常拱垂。叶互生，三角状卵形或卵圆形，边缘有尖锐重锯齿；单花，着生在当年生侧枝顶端；花瓣黄色，宽椭圆形；瘦果；花期 4~6 月，果期 6~8 月。

生境与分布：喜温暖湿润和半阴环境，生于山坡灌丛中，海拔 200~3000 m。产于甘肃、陕西、山东、河南、湖北、江苏、安徽、浙江、福建、江西、湖南、四川、贵州、云南等地，在日本也有分布。

主要用途：花除供观赏外，入药有消肿、止痛、止咳、助消化等作用。

垂丝海棠 *Malus halliana*

科属 蔷薇科苹果属

别名 海棠花

形态特征：乔木，高达 5 m。叶片卵形或椭圆形至长椭卵形；伞房花序，花直径 3~3.5 cm；萼片三角卵形；花瓣倒卵形，粉红色，常在 5 数以上；雄蕊 20~25；果实梨形或倒卵形；花期 3~4 月，果期 9~10 月。

生境与分布：生于山坡丛林中或山溪边，海拔 50~1200 m。产于江苏、浙江、安徽、陕西、四川、云南。

主要用途：观赏花卉植物。

红叶石楠 *Photinia × fraseri*

科属 蔷薇科石楠属

别名 火焰红、千年红、红芽石楠

形态特征：为常绿小乔木，株高 4~6 m，叶革质，长椭圆形至倒卵状披针形，春季新叶红艳，夏季转绿，秋、冬、春三季呈现红色，霜重色愈浓，低温色更佳。花期 4~5 月，果期 10 月。梨果红色，能延续至冬季。

生境与分布：中国华东、中南及西南地区有栽培。

主要用途：红叶石楠因其鲜红色的新梢和嫩叶而得名，园林观赏价值高。

石楠 *Photinia serratifolia*

科属 蔷薇科石楠属

别名 红树叶、水红树、细齿石楠

形态特征：落叶或常绿乔木或灌木。叶互生，多数有锯齿，稀全缘，有托叶；花两性，多数，成顶生伞形、伞房或复伞房花序，稀成聚伞花序；花瓣 5；雄蕊 20，稀较多或较少；果实为 2~5 室小梨果；种子直立。

生境与分布：石楠为亚热带树种，阳性树，也耐阴。产于我国秦岭以南各省区。日本、印度尼西亚也有分布。

主要用途：有密集的花序，夏季开白色花朵，秋季多数结成红色果实，可供观赏。木材坚硬，可作伞柄、秤杆、算盘珠、家具、农具等用。

紫叶李 *Prunus ceraifera* cv. 'Pissardii'

科属 蔷薇科李属

别名 红叶樱桃李、红叶李、欧洲红叶李、樱桃李

形态特征：灌木或小乔木，高可达 8 m。叶片椭圆形、卵形或倒卵形，极稀椭圆状披针形；花 1 朵，稀 2 朵；萼筒钟状；花瓣白色，长圆形或匙形，着生在萼筒边缘；雄蕊 25~30。核果近球形或椭圆形；花期 4 月，果期 8 月。

生境与分布：生于山坡林中或多石砾的坡地以及峡谷水边等处，海拔 800~2000 m。

主要用途：观赏树木。

火棘 *Pyracantha fortuneana*

科属　蔷薇科火棘属

别名　火把果、救兵粮、救命粮、红子

形态特征：常绿灌木，高达 3 m。叶片倒卵形或倒卵状长圆形，先端圆钝或微凹。花集成复伞房花序；花瓣白色，近圆形；雄蕊 20。果实近球形，橘红色或深红色。花期 3~5 月，果期 8~11 月。

生境与分布：生于山地、丘陵地阳坡灌丛草地及河沟路旁，海拔 500~2800 m。产于陕西、河南、江苏、浙江、福建、湖北、湖南、广西、贵州、云南、四川、西藏。

主要用途：果实可入药，具有止泻、散瘀、消食等功效。为观赏植物。

豆梨 *Pyrus calleryana*

科属　蔷薇科梨属

别名　鹿梨、赤梨、糖梨、杜梨

形态特征：乔木，高 5~8 m。叶片宽卵形至卵形，稀长椭卵形；托叶叶质，线状披针形。伞形总状花序，具花 6~12 朵，花梗长 1.5~3 cm。花瓣卵形，基部具短爪，白色；雄蕊 20。梨果球形，黑褐色，有斑点，有细长果梗。花期 4 月，果期 8~9 月。

生境与分布：适生于温暖潮湿气候，生于山坡、平原或山谷杂木林中，海拔 80~1800 m。产于长江流域各省。越南北部也有分布。

主要用途：根、叶、果实均可入药，具润肺止咳、清热解毒、健胃、消食、止痢、止咳的作用，主治肺燥咳嗽、急性眼结膜炎。木材致密可制器具。通常用作沙梨砧木。

月季花 *Rosa chinensis*

科属 蔷薇科蔷薇属

别名 长春花、刺牡丹、玫瑰、墨红

形态特征：直立灌木，高 1~2 m。小枝粗壮，有短粗的钩状皮刺；小叶 3~5，稀 7，小叶片宽卵形至卵状长圆形；花几朵集生，稀单生；花瓣重瓣至半重瓣，红色、粉红色至白色，倒卵形，先端有凹缺，基部楔形；果卵球形或梨形，红色；花期 4~9 月，果期 6~11 月。

生境与分布：原产中国，各地普遍栽培。

主要用途：花、根、叶均可入药。花含挥发油、槲皮苷鞣质、没食子酸、色素等，主治月经不调、痛经、痛疖肿毒。叶可治跌打损伤。鲜花或叶外用，捣烂敷于患处。为观赏植物。

金樱子 *Rosa laevigata*

科属 蔷薇科蔷薇属

别名 糖罐子、刺头、倒挂金钩、刺梨子

形态特征：常绿攀缘灌木，高达 5 m。茎有钩状皮刺和刺毛。小叶革质，通常 3，卵形；托叶披针形。花生于侧枝顶端，萼片 5，花瓣 5，白色，直径 5~9 cm。果实倒卵形，紫褐色，外被刺毛。花期 4~6 月，果期 7~11 月。

生境与分布：生于海拔 100~1600 m 的向阳的山野、田边、溪畔灌木丛中。分布于我国大部分地区。

主要用途：果实入药，有利尿、补肾、解毒消肿、活血散瘀、拔毒收敛、祛风驱湿的功效。根皮可提制栲胶。

山莓 *Rubus corchorifolius*

科属 蔷薇科悬钩子属

别名 阿泡刺、变叶悬钩子、插秧泡、刺葫芦

形态特征：直立灌木，高 1~3 m。单叶，卵形至卵状披针形；托叶线状披针形；花单生或少数生于短枝上；花瓣长圆形或椭圆形，白色；雄蕊多数；果实近球形或卵球形，红色；花期 2~3 月，果期 4~6 月。

生境与分布：在林缘、山谷阳坡生长。中国北自辽宁、河北、陕西，南至广东、云南等省均有分布。

主要用途：具有活血、解毒、止血的作用，可生食、制果酱及酿酒。根皮、茎皮、叶可提取栲胶。

毛叶插田泡 *Rubus coreanus* var. *tomentosus*

科属 蔷薇科悬钩子属

别名 白毛高丽悬钩子、白绒覆盆子、刺泡花

形态特征：灌木，高 1~3 m。小叶 7~11 枚，卵形或卵状披针形，叶片下面密被短绒毛；花单生于侧生小枝顶端，下垂；花梗长 2.5~6 cm，具柔毛，疏生细小皮刺；萼片宽卵形；花瓣近圆形，白色；果实长圆形，稀椭圆形，红色；花期 4~5 月，果期 7~8 月。

生境与分布：生于海拔 800~3100 m 的山坡灌丛或沟谷旁。产于陕西、甘肃、河南、湖北、湖南、安徽、四川、云南、贵州。

主要用途：有祛风胜湿、止痛、活络的功效。果实可食。

茅莓 *Rubus parvifolius*

科属 蔷薇科悬钩子属

别名 草杨梅、小叶悬钩子、蛇泡竻

形态特征： 灌木，高 1~2 m。小叶 3 枚，菱状圆形或倒卵形；托叶线形，长 5~7 mm，具柔毛。伞房花序，被柔毛和细刺；花直径约 1 cm；花瓣卵圆形或长圆形，粉红至紫红色；果实卵球形，红色；花期 5~6 月，果期 7~8 月。

生境与分布： 生于山坡杂木林下、向阳山谷、路旁或荒野，海拔 400~2600 m。产于我国大部分省区。日本、朝鲜也有分布。

主要用途： 全株入药，有止痛、活血、祛风湿及解毒之功效。果实酸甜多汁，可供食用、酿酒及制醋等。根和叶含单宁，可提取栲胶。

三花悬钩子 *Rubus trianthus*

科属 蔷薇科悬钩子属

别名 三花莓、苦悬钩子

形态特征： 藤状灌木，高 0.5~2 m。叶卵状披针形或长圆披针形；花常 3 朵，有时花超过 3 朵而成短总状花序，常顶生；萼片三角形；花瓣长圆形或椭圆形，白色；雄蕊多数，花丝宽扁；雌蕊 10~50；果实近球形，红色；核具皱纹；花期 4~5 月，果期 5~6 月。

生境与分布： 一般生于海拔 500~2800 m 的溪边、草丛中、路旁、山坡杂木林或山谷。分布在越南，我国台湾、福建、湖北、江西、四川、浙江、安徽、贵州、云南、江苏、湖南等地。

主要用途： 全株入药，有活血散瘀之功效，煎水热敷，主治跌打损伤。

地榆 *Sanguisorba officinalis*

科属 蔷薇科地榆属

别名 黄爪香、玉札、山枣子

形态特征：多年生草本，高 30~120 cm。茎直立。基生叶为羽状复叶，有小叶 4~6 对。穗状花序椭圆形、圆柱形或卵球形，直立；萼片 4，紫红色，椭圆形至宽卵形；雄蕊 4。果实包藏在宿存萼筒内，外面有斗棱。花果期 7~10 月。

生境与分布：生长于草原、草甸、山坡草地、灌丛中、疏林下，海拔 30~3000 m。分布在我国大部分地区。广布于欧洲、亚洲北温带。

主要用途：本种根为止血药，并可治疗烧伤、烫伤。此外，有些地区用来提制栲胶。嫩叶可食，又作代茶饮。

光叶粉花绣线菊 *Spiraea japonica* var. *fortunei*

科属 蔷薇科绣线菊属

别名 大绣线菊、绣线菊

形态特征：直立灌木，叶片长圆披针形，先端短渐尖，基部楔形，边缘具尖锐重锯齿，长 5~10 cm，上面有皱纹，两面无毛，下面有白霜。复伞房花序直径 4~8 cm，花粉红色，花盘不发达。蓇葖果。花期 6~7 月，果期 8~9 月。

生境与分布：生于山坡、田野或杂木林下，海拔 700~3000 m。产于陕西、湖北、山东、江苏、浙江、江西、安徽、贵州、四川、云南。

主要用途：以根及嫩叶入药，清热解毒。用于治疗目赤肿痛、头痛、牙痛、肺热咳嗽。外用治创伤出血。常供观赏。

豆科 Fabaceae

合萌 *Aeschynomene indica*

科属 豆科合萌属

别名 田皂角、合明草、野冬豆、夜闭草

形态特征：一年生草本或亚灌木，茎直立，高 0.3~1 m。叶具 20~30 对小叶或更多；托叶膜质，卵形至披针形；总状花序；花冠淡黄色，具紫色的纵脉纹，旗瓣大；雄蕊二体；子房扁平；荚果线状长圆形，直或弯曲，腹缝直；荚节 4~8（10）；花期 7~8 月，果期 8~10 月。

生境与分布：除草原、荒漠外，全国林区及其边缘均有分布。

主要用途：本种为优良的绿肥植物。全草入药，能利尿解毒、清热利湿、祛风明目、通乳。茎髓质地轻软，耐水湿，可制遮阳帽、浮子、救生圈和瓶塞等。种子有毒，不可食用。

山槐 *Albizia kalkora*

科属 豆科合欢属

别名 山合欢、白夜合、马缨花、夜合欢

形态特征：落叶小乔木或灌木，通常高 3~8 m。二回羽状复叶，长圆形或长圆状卵形；头状花序 2~7 枚生于叶腋，或于枝顶排成圆锥花序；花初白色，后变黄；雄蕊长 2.5~3.5 cm；荚果带状；花期 5~6 月，果期 8~10 月。

生境与分布：喜光，生于山坡灌丛、疏林中。产于我国华北、西北、华东、华南至西南各地区。

主要用途：花美丽，可作为风景树。

紫云英 *Astragalus sinicus*

科属 豆科黄芪属

别名 蝶沙蒺藜、马苕子、米布袋

形态特征： 二年生草本，高10~30 cm。奇数羽状复叶，具7~13枚小叶；总状花序生5~10朵花，呈伞形；总花梗腋生；苞片三角状卵形；花萼钟状；花冠紫红色或橙黄色，旗瓣倒卵形，翼瓣较旗瓣短；荚果线状长圆形，黑色；花期2~6月，果期3~7月。

生境与分布： 中国早在明、清时代就已在长江中下游地区大面积种植，广泛分布于北纬24°~35°地区。

主要用途： 可作为绿肥作物，也可作为饲料。紫云英蜜除有一般蜂蜜的清热解毒、润燥之功效外，还能祛风明目、消肿利尿，可治疗风痰咳嗽、喉痛、火眼痔疮等，是虚火旺盛人士之保健佳品。

杭子梢 *Campylotropis macrocarpa*

科属 豆科杭子梢属

别名 杭子梢、壮筋草、大果胡枝子

形态特征： 小灌木，高达2 m。三出羽状复叶，顶生小叶椭圆形或卵形，全缘，上面无毛，下面有柔毛；总状花序腋生；花萼阔钟状；花冠紫色，长达1 cm，雄蕊10，为9和1的2体雄蕊；荚果斜椭圆形；花期8~9月。

生境与分布： 生于山坡、山沟、林缘或疏林下，分布于辽宁、河北、河南、山西、陕西、甘肃等省。

主要用途： 根及全株可供药用，有发汗解表、舒筋活络之功效，可治感冒。具有观赏性。嫩叶可作牲畜饲料及绿肥。

豆茶决明 *Cassia nomame*

科属 豆科决明属

别名 水皂角

形态特征：一年生草本，株高 30~60 cm。叶长 4~8 cm，有小叶 8~28 对；花生于叶腋，有柄，单生或 2 至数朵组成短的总状花序；花瓣 5，黄色；雄蕊 4，有时 5；荚果扁平，有毛，开裂，有种子 6~12 粒。

生境与分布：生于山坡和原野的草丛中。产于河北、山东、浙江、江苏、安徽、江西、湖南、湖北、云南、四川，以及东北各地。

主要用途：全草入药，有清热利尿、润肠通便的功效，主治急慢性肠胃炎、呕吐、疮毒、目花、夜盲、偏头痛、水肿、脚气、黄疸、便秘。

紫荆 *Cercis chinensis*

科属 豆科紫荆属

别名 满条红、紫株、乌桑、箩筐树

形态特征：落叶乔木或灌木，高 2~5 m。叶纸质。花紫红色或粉红色，2~10 朵成束，簇生于老枝和主干上，尤以主干上花束较多，通常先于叶开放；龙骨瓣基部具深紫色斑纹；荚果扁狭长形；花期 3~4 月，果期 8~10 月；香港特别行政区区花洋紫荆，亦名紫荆花，花是白色的，与本种极不相同，只能在热带和亚热带生长。

生境与分布：原产于中国，在湖北（西部）、辽宁（南部）、河北、陕西、河南、甘肃、广东、云南、四川等省都有分布。

主要用途：花朵漂亮，花量大，花色鲜艳，是春季重要的观赏灌木。

农吉利 *Crotalaria sessiliflora*

科属 豆科猪屎豆属

别名 野百合、紫花野百合、倒挂山芝麻

形态特征：直立草本，体高 30~100 cm，单株或茎上分枝。托叶线形；单叶，叶片形状变异较大，通常为线形或线状披针形；总状花序顶生、腋生或密生枝顶形，亦有叶腋生出单花；花萼二唇形；花冠蓝色或紫蓝色；荚果短圆柱形。花果期 5 月至翌年 2 月。

生境与分布：生于荒地路旁及山谷草地，海拔 70~1500 m。产于我国大部分地区。

主要用途：有清热、利湿、解毒的功效，主治痢疾、疮疖、小儿疳积。

黄檀 *Dalbergia hupeana*

科属 豆科黄檀属

别名 白檀、檀木、望水檀

形态特征：乔木，高 10~20 m。羽状复叶；小叶 3~5 对，近革质；圆锥花序顶生或生于最上部的叶腋间，花密集；花萼钟状；花冠白色或淡紫色，各瓣均具柄，旗瓣圆形；雄蕊 10，成 5+5 的二体；荚果长圆形或阔舌状，果瓣薄革质；花期 5~7 月。

生境与分布：生于山地林中或灌丛中，山沟溪旁及有小树林的坡地常见，海拔 600~1400 m。产于山东、江苏、安徽、浙江、江西、福建、湖北、湖南、广东、广西、四川、贵州、云南。

主要用途：木材黄色或白色，材质坚密，能耐强力冲撞，常用作车轴、榨油机轴心、枪托、各种工具柄等；根药用，可治疗疮。

野大豆 *Glycine max*

科属 豆科大豆属

别名 小落豆、山黄豆、柴豆、大豆

形态特征：一年生缠绕草本，长 1~4 m。叶具 3 枚小叶；托叶卵状披针形；顶生小叶卵圆形或卵状披针形；总状花序；苞片披针形；花萼钟状，裂片 5；花冠淡红紫色或白色，旗瓣近圆形，翼瓣斜倒卵形；荚果； 花期 7~8 月，果期 8~10 月。

生境与分布：除新疆、青海和海南外，遍布全国。

主要用途：国家二级重点保护野生植物。全草可药用，有补气血、强壮、利尿等功效，主治盗汗、肝火、目疾、黄疸、小儿疳疾。种子既可供食用，制作酱、酱油和豆腐等，又可榨油，油粕是优良的饲料和肥料。

河北木蓝 *Indigofera bungeana*

科属　豆科木蓝属

别名　马棘、救荒本草、长穗木蓝

形态特征：小灌木，高 1~3 m，多分枝。羽状复叶长 3.5~6 cm，小叶 3~5 对，对生，椭圆形、倒卵形或倒卵状椭圆形；总状花序，花开后较复叶为长；花冠淡红色或紫红色，旗瓣倒阔卵形，长 4.5~6.5 mm；荚果线状圆柱形，长 2.5~4 cm；花期 5~8 月，果期 9~10 月。

生境与分布：生于山坡林缘及灌木丛中，海拔 100~1300 m。产于江苏、安徽、浙江、江西、福建、湖北、湖南、广西、四川、贵州、云南。日本也有分布。

主要用途：根供药用，能清凉解表、活血祛瘀。用于感冒咳嗽、扁桃体炎、颈淋巴结结核、小儿疳积、痔疮，外用治疔疮。适合作先锋植物种植，具有固氮、水土保持等作用，亦可作为绿篱种植。

苏木蓝 *Indigofera carlesii*

科属　豆科木蓝属

别名　豆根、山豆根、苏槐蓝、苏木兰

形态特征：灌木，高达 1.5 m。叶椭圆形或卵状椭圆形，稀阔卵形；总状花序长 10~20 cm；花萼杯状；花冠粉红色或玫瑰红色，旗瓣近椭圆形；花药两端有髯毛；荚果褐色，线状圆柱形；花期 4~6 月，果期 8~10 月。

生境与分布：生于山坡路旁及丘陵灌丛中，海拔 500~1000 m。产于陕西、江苏、安徽、江西、河南、湖北。

主要用途：根供药用，有清热补虚、止血的功效，用于咳嗽、外伤出血。具有观赏性。

鸡眼草 *Kummerowia striata*

科属 豆科鸡眼草属

别名 白斑鸠窝、斑鸠窝、斑珠科

形态特征：一年生草本，高（5）10~45 cm，茎和枝上被倒生的白色细毛。三出羽状复叶；花小，单生或2~3朵簇生于叶腋；花萼钟状，带紫色，5裂；花冠粉红色或紫色，旗瓣椭圆形。荚果圆形或倒卵形；花期7~9月，果期8~10月。

生境与分布：生于路旁、田边、溪旁、砂质地或缓山坡草地，海拔500 m以下。产于我国东北、华北、华东、中南、西南等地区。

主要用途：具有清热解毒、健脾利湿之功效，用于感冒发热、暑湿吐泻、疟疾、痢疾、传染性肝炎、热淋、白浊。也可作饲料和绿肥。

扁豆 *Lablab purpureus*

科属 豆科扁豆属

别名 南扁豆、膨皮豆、白扁豆、藊豆

形态特征：一年生缠绕草本。小叶3，顶生小叶菱状广卵形；总状花序腋生，花2~4朵丛生于花序轴的节上；花冠白色或紫红色，旗瓣基部两侧有2个附属体；荚果扁，镰刀形或半椭圆形；种子长圆形，白色或紫黑色；花果期7~9月。

生境与分布：原产于印度，世界各热带地区都有栽培。

主要用途：有消暑除湿、健脾止泻之功效，用于脾虚有湿、体倦乏力、水肿、暑湿为患、脾胃不和、呕吐腹泻。也可供食用与药用。

绿叶胡枝子 *Lespedeza buergeri*

科属 豆科胡枝子属

别名 白氏胡枝子、金飘带、九月豆

形态特征：直立灌木，高1~3 m。托叶2，线状披针形，长2 mm，小叶卵状椭圆形，长3~7 cm，宽1.5~2.5 cm，先端急尖，基部稍尖或钝圆；总状花序腋生，在枝上部者构成圆锥花序；花萼钟状；花冠淡黄绿色，长约10 mm；雄蕊二体。荚果长圆状卵形；花期6~7月，果期8~9月。

生境与分布：生于海拔1500 m以下的山坡、林下、山沟和路旁。产于山西、陕西、甘肃、江苏、安徽、浙江、江西、台湾、河南、湖北、四川等省。

主要用途：有解表、化痰、利湿、活血的功效，用于伤风头痛、咳嗽、淋浊、妇女血瘀腹痛、血崩、痈疽、丹毒。

中华胡枝子 *Lespedeza chinensis*

科属 豆科胡枝子属

别名 清肠草、台湾胡枝子

形态特征：小灌木，高达1 m。羽状复叶具3枚小叶；总状花序腋生；花萼长为花冠之半，5深裂，被伏毛；花冠白色或黄色，旗瓣椭圆形，基部具瓣柄及2个耳状物；荚果卵圆形，先端具喙，密被白色伏毛；花期8~9月，果期10~11月。

生境与分布：生于海拔2500 m以下的灌木丛中、林缘、路旁、山坡、林下草丛等处。产于江苏、安徽、浙江、江西、福建、台湾、湖北、湖南、广东、四川等省区。

主要用途：全草入药，有清热止痢、祛风止痛、截疟的功效，用于急性菌痢、关节痛、跌打、骨折、疟疾。

天蓝苜蓿 *Medicago lupulina*

科属 豆科苜蓿属

别名 天蓝、接筋草

形态特征：一、二年生或多年生草本，高 15~60 cm。羽状三出复叶；托叶卵状披针形；花序小头状，具花 10~20 朵；萼钟形；花冠黄色，旗瓣近圆形；荚果肾形；有种子 1 粒；花期 7~9 月，果期 8~10 月。

生境与分布：常见于河岸、路边、田野及林缘。产于我国南北各地，以及青藏高原。欧亚大陆广布，世界各地都有归化种。

主要用途：全草可治毒蛇咬伤及蜂螫。可作为人工草地的主要组分。

南苜蓿 *Medicago polymorpha*

科属 豆科苜蓿属

别名 黄花草子、金花菜、黄花苜蓿

形态特征：一年或二年生草本，高 20~90 cm。羽状三出复叶；托叶大，卵状长圆形；小叶倒卵形或三角状倒卵形；花序头状伞形；苞片甚小；萼钟形，萼齿披针形；花冠黄色，旗瓣倒卵形；荚果盘形，种子长肾形；花期 3~5 月，果期 5~6 月。

生境与分布：原产于印度、伊朗，我国主要分布于长江流域以南各省区，以及陕西、甘肃、贵州、云南。

主要用途：全株可入药，有清热利尿的功效，主治膀胱结石。可作绿肥和饲料。浙江和上海等处常栽培，供蔬菜食用，也可腌食。

葛麻姆 *Pueraria montana* var. *lobata*

科属 豆科葛属

别名 山葛、野葛、葛藤

形态特征：粗壮藤本，长可达 8 m，全体被黄色长硬毛，有粗厚的块状根。羽状复叶具 3 枚小叶，小叶三裂；总状花序；花 2~3 朵聚生于花序轴的节上；花萼钟形；花冠紫色，旗瓣倒卵形；荚果长椭圆形，被褐色长硬毛；花期 9~10 月，果期 11~12 月。

生境与分布：多分布于海拔 1700 m 以下较温暖潮湿的坡地、沟谷、向阳矮小灌木丛中。产于我国南北各地，除新疆、青海及西藏外，分布几遍全国。

主要用途：有解肌退热、生津、透疹、升阳止泻的功效，主治温病发热、头痛、项背牵强、口渴泻痢、麻疹初起等症状。茎皮纤维可供织布和造纸用。葛粉可用于解酒。

毛洋槐 *Robinia hispida*

科属 豆科刺槐属

别名 粉花刺槐、粉花洋槐、红毛洋槐

形态特征：落叶灌木，高 1~3 m。羽状复叶；总状花序腋生；花萼紫红色，斜钟形，萼筒长约 5 mm，萼齿卵状三角形；花冠红色至玫瑰红色，花瓣具柄，旗瓣近肾形；雄蕊二体，对旗瓣的 1 枚分离，花药椭圆形；荚果线形；花期 5~6 月，果期 7~10 月。

生境与分布：我国多地有栽培。

主要用途：观赏植物。

刺槐 *Robinia pseudoacacia*

科属 豆科刺槐属

别名 洋槐、槐树、刺儿槐、刺槐花

形态特征：落叶乔木，高 10~25 m。具托叶刺，长达 2 cm；羽状复叶，长 10~25 cm；小叶 2~12 对，常对生，椭圆形、长椭圆形或卵形；总状花序腋生，花多数，芳香；花冠白色，旗瓣近圆形；雄蕊二体；荚果褐色，或具红褐色斑纹；花期 4~6 月，果期 8~9 月。

生境与分布：原产于美国东部。我国于 18 世纪末从欧洲引入青岛栽培，现中国各地广泛栽植。

主要用途：有止血的功效，主治大肠下血、咯血、吐血、妇女红崩。可作为行道树、庭荫树。木材坚硬，可供矿柱、枕木、车辆、农业用材。嫩叶花可食用，种子榨油可作肥皂及油漆原料。

龙爪槐 *Sophora japonica* cv. 'Pendula'

科属 豆科槐属

别名 倒栽槐、蟠槐、倒槐

形态特征：多年生乔木，树冠如伞，冠层可达 50~70 cm 厚，层内小枝易干枯。枝条柔软下垂，其萌发力强，生长速度快，可用国槐作砧木。

生境与分布：以江南一带栽培较多。

主要用途：观赏植物。

白车轴草 *Trifolium repens*

科属 豆科车轴草属

别名 白花苜宿、金花草、菽草翘摇

形态特征：短期多年生草本，生长期达 5 年，高 10~30 cm。茎匍匐蔓生，掌状三出复叶；花序球形，顶生，直径 15~40 mm；萼钟形，萼齿 5，披针形；花冠白色、乳黄色或淡红色，具香气；子房线状长圆形，荚果长圆形；花果期 5~10 月。

生境与分布：原产于欧洲和北非，世界各地均有栽培。

主要用途：可清热、凉血、宁心，用于癫痫、痔疮出血。优良牧草，可作为绿肥、堤岸防护草种、草坪装饰以及蜜源等用。

广布野豌豆 *Vicia cracca*

科属 豆科野豌豆属

别名 细叶落豆秧、肥田草、多花野豌豆

形态特征：多年生草本，高 40~150 cm。偶数羽状复叶，叶轴顶端卷须有 2~3 分支；小叶 5~12 对互生，线形、长圆形或披针状线形；总状花序，与叶轴近等长，花多数；花冠紫色、蓝紫色或紫红色；旗瓣长圆形；荚果长圆形或长圆菱形，先端有喙；花果期 5~9 月。

生境与分布：广布于我国各省区的草甸、林缘、山坡、河滩草地及灌丛。欧亚、北美也有分布。

主要用途：有活血平胃、明耳目的功效，民间常用于治疗鼻衄、疮肿、疔疮。全草为优良的绿肥饲料，种子含淀粉，为蜜源植物。

蚕豆 *Vicia faba*

科属 豆科野豌豆属

别名 川豆、大蚕豆、大豌豆、佛豆

形态特征：越年或一年生草本，高30~180 cm，茎直立。偶数羽状复叶，托叶大，半箭头状，叶片椭圆形或广椭圆形至长形，基部楔形，全缘；总状花序腋生或单生；花冠蝶形，白色，旗瓣倒卵形，翼瓣椭圆形；雄蕊 10，二体；荚果长圆形，肥厚；花期 3~4 月，果期 6~8 月。

生境与分布：蚕豆一般认为起源于西南亚和北非。蚕豆在全国大多数省份都有种植。

主要用途：蚕豆中含有调节大脑和神经组织的重要成分，如钙、锌、锰、磷脂等，并含有丰富的胆石碱，有增强记忆力的健脑作用。蚕豆中的蛋白质含量丰富，且不含胆固醇，可以提高食品营养价值，预防心血管疾病。

小巢菜 *Vicia hirsuta*

科属 豆科野豌豆属

别名 白翘摇、翘摇、雀野豌豆、小麦豆

形态特征：一年生草本，高 15~90 cm。偶数羽状复叶末端卷须分支；小叶 4~8 对；总状花序；花萼钟形；花 2~4(7) 朵密集于花序轴顶端，花甚小；花冠白色、淡蓝青色或紫白色，稀粉红色，旗瓣椭圆形；荚果长圆菱形；花果期 2~7 月。

生境与分布：生于海拔 200~1900 m 的山沟、河滩、田边或路旁草丛。产于陕西、甘肃、广东、广西、青海，华东、华中及西南等地。

主要用途 全草入药，有活血、平胃、明目、消炎等功效。主治鼻衄、疟疾、黄疸、小便不利、妇女带下、月经不调。

救荒野豌豆 *Vicia sativa*

科属 豆科野豌豆属

别名 野绿豆、野菜豆、草藤

形态特征：茎柔嫩有条棱，长 60~200 cm，分枝 30~50 个。偶数羽状复叶，小叶 6~10 对，叶片长 1~2 cm，呈矩形或倒卵圆形；蝶形花 1~2 朵，腋生，紫红、粉红或白色；荚果；花期 4~7 月，果期 7~9 月。

生境与分布：多生于田边及灌木林间，原产于欧洲南部和亚洲西部。目前世界各地都有种植。

主要用途：具有清热利湿、和血祛瘀的功效，主治黄疸、浮肿、疟疾、鼻衄、心悸、梦遗、月经不调等。可做汤或炒食。

绿豆 *Vigna radiata*

科属 豆科豇豆属

别名 青小豆、菉豆、植豆

形态特征：一年生直立草本，高 20~60 cm。茎被褐色长硬毛；羽状复叶具 3 枚小叶；小叶卵形；总状花序腋生，有花 4 至数朵；萼管裂片狭三角形，具缘毛；荚果线状圆柱形；花期初夏，果期 6~8 月。

生境与分布：原产于印度、缅甸地区。我国南北各地均有栽培。

主要用途：可入药，有清凉解毒、利尿明目之功效。主治暑热烦渴、感冒发热、霍乱吐泻、痰热哮喘、头痛目赤、口舌生疮、水肿尿少、疮疡痈肿、风疹丹毒、药物和食物中毒。种子可供食用，亦可提取淀粉。全株是很好的夏季绿肥。

豇豆 *Vigna unguiculata*

科属　豆科豇豆属

别名　角豆、姜豆、带豆、豆角

形态特征：一年生缠绕、草质藤本或近直立草本，有时顶端呈缠绕状。羽状复叶具 3 枚小叶；小叶卵状菱形；总状花序腋生；花 2~6 朵聚生于花序的顶端；花冠黄白色而略带青紫，各瓣均具瓣柄，旗瓣扁圆形；荚果下垂，直立或斜展，线形；花期 5~8 月。

生境与分布：原产于印度和缅甸，主要分布于全球热带、亚热带地区。中国各地常见栽培。

主要用途：豇豆是常食用的蔬菜。具有理中益气、健胃补肾、和五脏、调颜养身、生精髓、止消渴、吐逆泻痢、解毒的功效，主治呕吐、痢疾、尿频等症。

紫藤 *Wisteria sinensis*

科属　豆科紫藤属

别名　藤花、葛藤、葛花藤、黄牵藤

形态特征：落叶攀缘缠绕性大藤本植物。小叶对生，有小叶 7~13 枚；侧生总状花序，长达 30~35 cm，呈下垂状，总花梗、小花梗及花萼密被柔毛，花紫色或深紫色，花瓣基部有爪，近爪处有 2 个胼胝体；荚果扁圆条形；花期 4~5 月，果期 8~9 月。

生境与分布：暖温带及温带植物。产于河北以南黄河长江流域及陕西、河南、广西、贵州、云南。

主要用途：可治筋骨疼，还能防止酒腐变质。紫藤皮具有杀虫、止痛、祛风通络等功效。紫藤为长寿树种，开花繁多，串串花序悬挂于绿叶藤蔓之间，瘦长的荚果迎风摇曳，常作为观赏植物。

酢浆草科 Oxalidaceae

酢浆草 *Oxalis corniculata*

科属 酢浆草科酢浆草属

别名 老鸭嘴、满天星、斑鸠酸、长血草

形态特征：草本，高 10~35 cm，全株被柔毛。叶基生或茎上互生；托叶小，长圆形或卵形。花单生或数朵集为伞形花序状，腋生，总花梗淡红色；小苞片 2，披针形，膜质；萼片 5，披针形或长圆状披针形，宿存；花瓣 5，黄色。蒴果长圆柱形，5 棱。花、果期 2~9 月。

生境与分布：生于山坡草池、河谷沿岸、路边、田边、荒地或林下阴湿处等。中国各地皆有分布。

主要用途：全草入药，能解热利尿，消肿散淤；茎叶含草酸，可用以磨镜或擦铜器，使其具光泽。

红花酢浆草 *Oxalis corymbosa*

科属 酢浆草科酢浆草属

别名 大酸味草、铜锤草、多花酢浆草

形态特征：多年生直立草本。叶基生，叶柄长 5~30 cm 或更长，被毛，小叶 3，扁圆状倒心形；二歧聚伞花序，通常排列成伞形花序式；萼片 5，披针形；花瓣 5，淡紫色至紫红色；雄蕊 10；花果期 3~12 月。

生境与分布：生于低海拔的山地、路旁、荒地或水田中。原产于南美热带地区，中国长江以北各地作为观赏植物引入，南方各地已逸为野生，日本亦然。

主要用途：全草入药，有清热解毒、散瘀消肿、调经的功效，用于肾盂肾炎、痢疾、水泻、咽炎、牙痛、淋浊、月经不调、白带，外用治疗毒蛇咬伤、跌打损伤、痈疮、烧烫伤。园林中广泛种植。

牻牛儿苗科 Geraniaceae

野老鹳草 *Geranium carolinianum*

科属 牻牛儿苗科老鹳草属

别名 野老芒草、老鹳嘴、老鸦嘴、贯筋

形态特征： 一年生草本，高 20~50 cm。叶圆肾形；花成对集生于茎端或叶腋，花序柄短或几无柄；萼片宽卵形，有长白毛；花瓣淡红色，与萼片等长或略长；蒴果，顶端有长喙。

生境与分布： 生于荒地、路边、杂草中。在我国分布于山东、山西、河南、江苏、浙江、江西、安徽、福建等地。

主要用途： 有祛风、活血、清热解毒之功效，主治风湿疼痛、拘挛麻木、痈疽、跌打、肠炎、痢疾。

芸香科 Rutaceae

臭节草 *Boenninghausenia albiflora*

科属 芸香科石椒草属

别名 白虎草、松风草、臭草

形态特征： 常绿草本，分枝甚多，枝、叶灰绿色，稀紫红色，嫩枝的髓部大而空心，小枝多。叶薄纸质，小裂片倒卵形、菱形或椭圆形；花序有花甚多，花枝纤细，基部有小叶；萼片长约 1 mm；花瓣白色；种子表面有细瘤状凸体；花果期 7~11 月。

生境与分布： 常生于海拔 700~2800 m 的山地。产于长江以南各地。

主要用途： 有清热、散瘀、凉血、舒筋、消炎的功效，主治风寒感冒、咽喉炎、腮腺炎、支气管炎、皮下瘀血等。外用治外伤出血、痈疖疮疡。

柑橘 *Citrus reticulata*

科属 芸香科柑橘属

别名 扁柑、潮州柑、陈皮

形态特征：小乔木。单身复叶，翼叶通常狭窄，叶片披针形，椭圆形或阔卵形；花单生或 2~3 朵簇生；花瓣通常长 1.5 cm 以内；雄蕊 20~25，柱头头状；果形多种，通常扁圆形至近圆球形，果皮甚薄而光滑，瓢囊 7~14 瓣；花期 4~5 月，果期 10~12 月。

生境与分布：我国多地栽培。

主要用途：主要的水果之一。果皮用于胃腹胀满、呕吐呃逆、咳嗽痰多，种子主治乳腺癌、疝痛、睾丸肿痛，幼嫩果实主治胸腹胀闷、胁肋疼痛、乳腺炎、疝痛。

枳 *Citrus trifoliata*

科属 芸香科枳属

别名 枸橘、枳壳、臭橘

形态特征：小乔木，高 1~5 m。枝有纵棱，刺长达 4 cm；叶柄有狭长的翼叶，通常为指状三出叶；花单朵或成对腋生，先叶开放，也有先叶后花的，有完全花及不完全花，后者雄蕊发育，雌蕊萎缩，花有大、小二型；花瓣白色，匙形。果近圆球形或梨形；花期 5~6 月，果期 10~11 月。

生境与分布：产于我国大部分省区。

主要用途：有理气健胃、消肿止痛的功效，用于肝胃气痛、疝气、食积痰滞、痞胀、跌打损伤、阴挺、乳痨。也可用于观赏。

竹叶椒 *Zanthoxylum armatum*

科属　芸香科花椒属

别名　狗花椒、花胡椒、野花椒、三叶花椒

形态特征：灌木，皮刺对生。小叶 3~5 或 7，披针形或椭圆状披针形，叶轴及总柄有宽翅和皮刺；花黄绿色；雄花的花被片 6~8，一轮，雄蕊 6~8；雌花心皮 2~4；蓇果红色，表面有粗大凸起的油点；花期 5~6 月，果期 8~9 月。

生境与分布：生于山坡、丘陵的丛林或荒草中。分布于我国中部、南部和西南部各省。东南亚地区也有分布。

主要用途：果皮可作调味品。果、根及叶入药，有散寒、止痛、消肿、杀虫之功效，主治胃寒、蛔虫腹痛、牙痛、湿疮。

青花椒 *Zanthoxylum schinifolium*

科属　芸香科花椒属

别名　崖椒、臭胡椒子、大花椒

形态特征：灌木，通常高 1~2 m。茎枝有短刺，叶有 7~19 片小叶；小叶对生，位于叶轴基部的常互生；花序顶生，萼片及花瓣均 5 片；花瓣淡黄白色；雄花的退化雌蕊甚短；分果瓣红褐色，干后变暗苍绿或褐黑色；花期 7~9 月，果期 9~12 月。

生境与分布：喜光，适宜温暖湿润的气候，见于 0~800 m 的山地疏林或灌木丛中或岩石旁等多类生境。产于长江以北各地及长江以南、五岭以北。朝鲜、日本也有分布。

主要用途：根、叶及果均可入药，有发汗、散寒、止咳、除胀、消食功效，能消寒解毒，消食健胃。果皮可作为调味料，种子可食用，又可加工制作肥皂，也可作食品调味料。

苦木科 Simaroubaceae

臭椿 *Ailanthus altissima*

科属 苦木科臭椿属

别名 白椿、臭椿皮、臭椿树、春玲子

形态特征：落叶乔木，高可达 20 m。叶为奇数羽状复叶，长 40~60 cm，叶柄长 7~13 cm，小叶对生或近对生，纸质，卵状披针形，揉碎后具臭味；圆锥花序长 10~30 cm；花淡绿色；雄蕊 10；翅果长椭圆形，种子位于翅的中间，扁圆形；花期 4~5 月，果期 8~10 月。

生境与分布：分布在海拔 100~2000 m 范围内。我国除黑龙江、吉林、新疆、青海、宁夏、甘肃和海南外，各地均有分布。世界各地广为栽培。

主要用途：树皮、根皮、果实均可入药，有清热利湿、收敛止痢等功效，可作石灰岩地区的造林树种，也可作园林风景树和行道树。木材黄白色，可制作农具车辆等。叶可饲养椿蚕（天蚕）。

楝科 Meliaceae

米仔兰 *Aglaia odorata*

科属 楝科米仔兰属

别名 碎米兰、兰花米、米兰、米兰花

形态特征：灌木或小乔木，茎多小枝。叶轴和叶柄具狭翅，有小叶 3~5 片；小叶对生，厚纸质；圆锥花序腋生；花芳香，花瓣 5，黄色，长圆形或近圆形；果为浆果，卵形或近球形；种子有肉质假种皮；花期 5~12 月，果期 7 月至翌年 3 月。

生境与分布：产于广东、广西；常生于低海拔山地的疏林或灌木林中。福建、四川、贵州和云南等省常有栽培。

主要用途：有活血散瘀、消肿止痛的功效，主治跌打损伤、骨折、痈疮。

苦楝 *Melia azedarach*

科属 楝科楝属

别名 楝、楝树、紫花树

形态特征： 落叶乔木，高达 10 m。叶为奇数羽状复叶，长 20~40 cm；小叶对生，卵形、椭圆形至披针形，长 3~7 cm，宽 2~3 cm；圆锥花序，花芳香；花萼 5 深裂；花瓣淡紫色；核果球形至椭圆形；花期 4~5 月，果期 10~12 月。

生境与分布： 生于低海拔旷野、路旁或疏林中，已广泛引为栽培。

主要用途： 有杀虫、疗癣功效。常见行道树，也是家具、建筑、农具、舟车、乐器等的良好用材；果核仁油可供制油漆、润滑油和肥皂。

香椿 *Toona sinensis*

科属 楝科香椿属

别名 香椿芽、香椿头

形态特征：多年生的落叶乔木，树木可高达 10 m。叶互生，为偶数羽状复叶，幼叶紫红色，成年叶绿色，叶背红棕色；复聚伞花序，下垂，两性花，钟状。蒴果狭椭圆形或近卵形，成熟后呈红褐色，果皮开裂成钟形；6 月开花，10~11 月果实成熟。

生境与分布：适宜生长于河边、宅院周围肥沃湿润的土壤中。原产于中国中部和南部。

主要用途：可辅助治疗肠炎、痢疾、泌尿系统感染，也可除风寒，主治冷骨风及风湿关节痛。为观赏及行道树种。幼叶可食用。

远志科 Polygalaceae

瓜子金 *Polygala japonica*

科属 远志科远志属

别名 产后草、地丁草、地风消、地藤草

形态特征：多年生草本，高 15~20 cm。茎、枝直立或外倾，具纵棱；单叶互生，叶片厚纸质或亚革质，卵形或卵状披针形，全缘；总状花序与叶对生；花瓣 3，白色至紫色，基部合生，侧瓣长圆形；雄蕊 8；蒴果圆形；花期 4~5 月，果期 5~8 月。

生境与分布：生于山坡草地或田埂上，海拔 800~2100 m。产于东北、华北、西北、华东、华中和西南地区。

主要用途：有镇咳、化痰、活血、止血、安神、解毒的功效，主治咳嗽痰多、吐血、便血、怔忡、失眠、咽喉肿痛、痈疽疮毒、蛇咬伤、跌打损伤。

大戟科 Euphorbiaceae

铁苋菜 *Acalypha australis*

科属 大戟科铁苋菜属

别名 夏草、海蚌含珠、半边珠、布口袋

形态特征：一年生草本，高 0.2~0.5 m。叶长卵形、近菱状卵形或阔披针形；托叶披针形。雌雄花同序，腋生，稀顶生，雌花苞片卵状心形；雄花生于花序上部，雄花苞片卵形；雄花花萼裂片 4，卵形；雄蕊 7~8。蒴果，具 3 个分果爿。花果期 4~12 月。

生境与分布：生于海拔 20~1200(1900) m 平原或山坡较湿润耕地和空旷草地。我国除西部高原或干燥地区外，大部分省区均有分布。

主要用途：有清利湿热、清肝解毒、凉血散瘀的功效，对于湿热所致的赤白痢疾及肝火上炎所致的目赤目痛、咽喉红肿不利等，均有一定的辅助治疗作用。

乳浆大戟 *Euphorbia esula*

科属 大戟科大戟属

别名 烂疤眼、华北大戟、新疆大戟

形态特征：多年生草本，茎高 30~60 cm。叶线形至卵形，变化大；花序单生于二歧分枝的顶端；总苞钟状；雄花多枚；雌花 1 枚；花柱 3；柱头 2 裂；蒴果三棱状球形；花柱宿存；成熟时分裂为 3 个分果爿；花果期 4~10 月。

生境与分布：生于路旁、杂草丛、山坡、林下、河沟边、荒山、沙丘及草地。分布于全国（除海南、贵州、云南和西藏外）。

主要用途：全草入药，具拔毒止痒之功效。

泽漆 *Euphorbia helioscopia*

科属 大戟科大戟属

别名 五朵云、五灯草、五风草

形态特征：一年生草本。茎直立，高 10~30 (50) cm；叶互生；总苞叶 5 枚，倒卵状长圆形；总伞幅 5 枚；苞叶 2 枚，卵圆形；花序单生，腺体 4，盘状；蒴果三棱状阔圆形，具明显的三纵沟；成熟时分裂为 3 个分果爿；花果期 4~10 月。

生境与分布：生于山沟、路旁、荒野和山坡，较常见。广布于全国（除黑龙江、吉林、内蒙古、广东、海南、台湾、新疆、西藏外）。

主要用途：全草入药，有利水消肿、化痰散结、杀虫的功效，主治水肿、肝硬化腹水、细菌性痢疾、淋巴结结核、结核性瘘管、神经性皮炎，并可灭蛆、孑孓。

地锦草 *Euphorbia humifusa*

科属 大戟科大戟属

别名 红丝草、斑地锦、斑鸠窝

形态特征：一年生草本。茎匍匐，自基部以上多分枝，基部常为红色或淡红色；叶对生，矩圆形或椭圆形；叶面绿色，叶背淡绿色，有时淡红色，两面被疏柔毛；花序单生于叶腋；蒴果三棱状卵球形；花果期 5~10 月。

生境与分布：生于原野荒地、路旁、田间、沙丘、海滩、山坡等地，较常见，特别是长江以北地区。广布于欧亚大陆温带。

主要用途：有清热解毒、活血、止血、利湿、通乳功效，主治外伤出血、湿热黄疸、乳汁不通、痈肿疔疮、跌打肿痛。

通奶草 *Euphorbia hypericifolia*

科属 大戟科大戟属

别名 光叶飞杨、光叶小飞杨、奶通草

形态特征：一年生草本，高 15~30 cm。叶对生，狭长圆形或倒卵形；托叶三角形，分离或合生；花序数个簇生于叶腋或枝顶；总苞陀螺状；雄花数枚；雌花 1 枚；子房三棱状；蒴果三棱状，成熟时分裂为 3 个分果爿；花果期 8~12 月。

生境与分布：生于旷野荒地、路旁、灌丛及田间。广布于世界热带和亚热带。

主要用途：有清热解毒、散血止血、利水、通奶的功效，主治水肿、乳汁不通、泄泻、痢疾、皮炎、湿疹、脓疱疮、烫伤。

续随子 *Euphorbia lathyris*

科属 大戟科大戟属

别名 小巴豆、百药解、蚕子草、大狼毒

形态特征：二年生草本，高可达 1 m。叶交互对生，线状披针形，基部半抱茎，全缘；总苞叶和茎叶均为 2 枚，卵状长三角形；花序单生，近钟状；腺体 4，新月形，两端具短角，暗褐色，雄花多数；蒴果；花期 4~7 月，果期 6~9 月。

生境与分布：产于吉林、辽宁、内蒙古、河北、陕西、甘肃、新疆、山东、江苏、安徽、浙江、江西等地，栽培或逸为野生。

主要用途：有利尿、泻下、通经的功效，主治涂治疥癣、恶疮等症，并可杀虫。种子有毒，不能食，可制肥皂和软皂，作润滑油。

斑地锦 *Euphorbia maculata*

科属 大戟科大戟属

别名 山筋草、地锦草、痢疾草

形态特征：一年生草本。茎匍匐，长 10~17 cm，被白色疏柔毛；叶对生，长椭圆形至肾状长圆形；叶面绿色，中部常具有一个长圆形的紫色斑点；花序单生于叶腋；雄花 4~5；雌花 1；柱头 2 裂；蒴果三角状卵形，易分裂为 3 个分果爿。花果期 4~9 月。

生境与分布：生于平原或低山坡的路旁。原产于北美，归化于欧亚大陆；产于江苏、江西、浙江、湖北、河南、河北和台湾。

主要用途：有止血、利尿、健胃、活血、解毒的功效，主治黄疸、痢疾、腹泻、尿路感染、便血、尿血、子宫出血、痔疮出血、小儿疳积、跌打肿痛、妇女乳汁不通、蛇咬伤、头疮、皮肤疮毒、创伤出血。

算盘子 *Glochidion puberum*

科属 大戟科算盘子属

别名 湖北馒头果、庐山馒头果、算盘珠、野南瓜

形态特征：灌木，高 1~4 m。叶片披针形或斜披针形；花绿色，雌雄同株，簇生于叶腋内，雌花生于小枝上部，雄花生于小枝下部；雄花萼片 6，长圆形或倒卵形；雄蕊 3；蒴果扁球状；种子红色；花期 4~7 月，果期 6~9 月。

生境与分布：生于海拔 600~1600 m 山地灌木丛中。产于安徽、浙江、江西、福建、湖北、广西、四川、贵州等省区。

主要用途：有清热利湿、祛风活络的功效，主治感冒发热、咽喉痛、疟疾、急性胃肠炎、消化不良、痢疾、风湿性关节炎、跌打损伤、白带、痛经。叶、茎及果含鞣质，可提取栲胶。

白背叶 *Mallotus apelta*

科属　大戟科野桐属

别名　野桐、叶下白、白背桐、白朴树

形态特征：直立灌木或小乔木，高 1.5~3 m。单叶互生，叶阔卵形，上面绿色，背面灰白色；花单性异株；雄花序为不分枝或分枝的穗状花序，顶生；雄蕊多数；穗状雌花序不分枝，顶生或侧生；果序圆柱形，蒴果近球形；花期 4~7 月，果期 8~11 月。

生境与分布：生于海拔 30~1000 m 的山坡或山谷灌丛中。产于云南、广西、湖南、江西、福建、广东和海南。越南也有分布。

主要用途：具有清热解毒、消肿止痛、祛湿止血之功效，主治痈疖疮疡、鹅口疮、皮肤湿痒、跌打损伤、外伤出血、中耳炎、疖肿等。茎皮可供编织，种子含油率达 36%。

石岩枫 *Mallotus repandus*

科属　大戟科野桐属

别名　黄豆树、万子藤、大力王、倒钩藤

形态特征：叶互生，三角状卵形，全缘或呈波状。花单性，雌雄异株；雄花序穗状，单一或分枝，雄花簇生，密被黄色茸毛，雄蕊极多数；雌花序顶生或腋生，雌花单生于苞腋，花萼 3 裂；蒴果球形，被锈色茸毛。

生境与分布：生于海拔 500~1200 m 的疏林下或灌丛中。产于广西、广东（南部）、江苏、浙江、湖南、湖北、安徽、四川、陕西、福建、海南和台湾。

主要用途：主治毒蛇咬伤、风湿痹痛、慢性溃疡。

白木乌桕 *Neoshirakia japonica*

科属 大戟科白木乌桕属

别名 白乳木、野蓖麻

形态特征：灌木或乔木，高 1~8m，各部均无毛。叶互生，纸质，叶卵形、卵状长方形或椭圆形，长 7~16 cm，宽 4~8 cm，顶端短尖或凸尖；花单性，雌雄同株常同序，聚集成顶生；雄蕊 3；萼片 3，三角形，柱头 3，外卷；蒴果三棱状球形，直径 10~15mm；种子扁球形；花期 5~6 月。

生境与分布：生于林中湿润处或溪涧边。广布于山东、安徽、江苏、浙江、福建、江西、湖北、湖南、广东、广西、贵州和四川。日本和朝鲜也有分布。

主要用途：有消肿利尿的功效，主治尿少浮肿等症。

青灰叶下珠 *Phyllanthus glaucus*

科属 大戟科叶下珠属

别名 鼻血树、黑籽树、叶下珠

形态特征：灌木，高达 4 m。叶片膜质，椭圆形或长圆形；托叶卵状披针形，膜质；数朵花簇生于叶腋；雄花萼片 6，卵形，雄蕊 5；花柱 3，基部合生；蒴果浆果状，紫黑色；花期 4~7 月，果期 7~10 月。

生境与分布：生于海拔 200~1000 m 的山地灌木丛中或稀疏林下，产于江苏、安徽、浙江、江西、湖北、湖南、广东、广西、四川、贵州、云南和西藏等省区。

主要用途：具有祛风除湿、健脾消食之功效，主治风湿性关节炎、食积停滞、小儿疳积。具观赏性。

叶下珠 *Phyllanthus urinaria*

科属 大戟科叶下珠属

别名 阴阳草、假油树、珍珠草、珠仔草

形态特征：一年生草本，高 10~60 cm。叶片纸质，因叶柄扭转而呈羽状排列；花雌雄同株。雄花：2~4 朵簇生于叶腋，萼片 6，雄蕊 3。雌花：萼片 6。蒴果圆球状，红色，表面具小凸刺；花期 4~6 月，果期 7~11 月。

生境与分布：通常生于海拔 500 m 以下的旷野平地、旱田、山地路旁或林缘。产于河北、山西、陕西，以及华东、华中、华南、西南等地区。

主要用途：主治赤白痢疾、暑热腹泻、尿路感染、急性结膜炎、口疮、头疮、风火赤眼、单纯性消化不良、小儿疳积。外治毒蛇咬伤、指头蛇疮、皮肤飞蛇卵、小儿暑疖等。

蓖麻 *Ricinus communis*

科属 大戟科蓖麻属

别名 大麻子、草麻

形态特征：一年生或多年生草本。单叶互生，具长柄；叶片盾状圆形，主脉掌状；圆锥花序与叶对生及顶生，下部生雄花，上部生雌花，无花瓣；雄蕊多数；花柱 3，深红色，2 裂；蒴果球形，果古铜色到红色，生有硬毛和刺，簇生，成熟时开裂；花期 5~8 月，果期 7~10 月。

生境与分布：生于海拔 20~500 m（云南海拔 2300 m）的村旁疏林或河流两岸。现广布于全世界热带地区或栽培于热带至温带各国。

主要用途：全株可入药，有祛湿通络、消肿、拔毒之功效。全株有毒，种子毒性大。叶可饲养蓖麻蚕，茎的韧皮纤维可制绳索和纸。

乌桕 *Triadica sebifera*

科属 大戟科乌桕属

别名 腊子树、桕子树、木子树

形态特征：落叶乔木，高达 15 m。单叶互生，菱状广卵形；顶生总状花序，雌雄异花，同序，长 6~12 cm，密生黄色小花，两性；蒴果梨状球形，木质，熟时黑色，3 裂；花期 6~7 月，果期 10~11 月。

生境与分布：主要分布于中国黄河以南各省区，北达陕西、甘肃。

主要用途：有杀虫、解毒、利尿、通便之功效，主治血吸虫病、肝硬化腹水、大小便不利、毒蛇咬伤，外用治疔疮、鸡眼、乳腺炎、跌打损伤、湿疹、皮炎。根皮治毒蛇咬伤。为观赏植物。

油桐 *Vernicia fordii*

科属 大戟科油桐属

别名 桐油树、桐子树、光桐、三年桐

形态特征：落叶乔木，高 3~8 m。叶互生，叶卵形，或宽卵形；圆锥状聚伞花序顶生，花单性同株；花先叶开放，花瓣白，5 枚；雌蕊子房 3~5 室；花后子房膨大，结球形核果；花期 4~5 月，果期 7~10 月。

生境与分布：适生于缓坡及向阳谷地，盆地及河床两岸台地。产于陕西、河南、江苏、湖南、湖北、广东、海南、广西、四川、贵州、云南等省区。越南也有分布。

主要用途：有消积驱虫、祛风利湿功效，主治蛔虫病、食积腹胀、风湿筋骨痛、湿气水肿。

油桐是中国特有经济林木，它与油茶、核桃、乌桕并称中国四大木本油料植物。全株有毒，种子毒性较大。

水马齿科 Callitrichaceae

水马齿 *Callitriche palustris*

科属 水马齿科水马齿属

别名 春水马齿、水马齿、春水水马齿

形态特征： 一年生草本，高 30~40 cm。叶互生，在茎顶常密集呈莲座状，浮于水面，倒卵形或倒卵状匙形；茎生叶匙形或线形；花单性，同株，单生叶腋，为两个小苞片所托；果倒卵状椭圆形；花期 8~9 月；果期 10 月。

生境与分布： 生于海拔 700~3800 m 的静水中或沼泽地水中或湿地。产于东北、华东至西南各省区。

主要用途： 有清热解毒、利尿消肿的功效，主治目赤肿痛、水肿、湿热淋痛。

黄杨科 Buxaceae

雀舌黄杨 *Buxus bodinieri*

科属 黄杨科黄杨属

别名 匙叶黄杨、大黄杨木

形态特征： 灌木，高 3~4 m。叶薄革质，通常匙形，亦有狭卵形或倒卵形；花序腋生，头状，花密集；苞片卵形；雄花约 10 朵；雌花的外萼片长约 2 mm，内萼片长约 2.5 mm；蒴果卵形；花期 2 月，果期 5~8 月。

生境与分布： 生于平地或山坡林下，海拔 400~2700 m。产于云南、四川、贵州、广西、广东、江西、浙江、湖北、河南、甘肃、陕西（南部）。

主要用途： 观赏植物。

黄杨 *Buxus sinica*

科属 黄杨科黄杨属

别名 山黄杨、千年矮、小黄杨

形态特征：灌木或小乔木，高 1~6 m。枝圆柱形，有纵棱，灰白色；叶革质，阔椭圆形、阔倒卵形、卵状椭圆形或长圆形；花序腋生，头状，花密集；雄花约 10 朵；蒴果近球形；花期 3 月，果期 5~6 月。

生境与分布：多生于山谷、溪边、林下，海拔 1200~2600 m。产于陕西、甘肃、湖北、四川、贵州、广西、广东、江西、浙江、安徽、江苏、山东各省区，有部分属于栽培。

主要用途：常作绿化观赏植物。

漆树科 Anacardiacaea

盐肤木 *Rhus chinensis*

科属 漆树科盐肤木属

别名 五倍子树、臭椿子、臭漆

形态特征：落叶小乔木或灌木，高 2~10 m。奇数羽状复叶，有小叶 (2)3~6 对；叶背粉绿色，被白粉；圆锥花序宽大，雄花序长 30~40 cm，雌花序较短，密被锈色柔毛，花白色；雄花花瓣倒卵状长圆形，雄蕊伸出；核果球形，成熟时红色；花期 8~9 月，果期 10 月。

生境与分布：我国辽宁、吉林、湖北、湖南、广西、广东 、安徽、浙江、福建等地有分布。

主要用途：根、叶、花及果均可入药，有清热解毒、舒筋活络、散瘀止血、涩肠止泻之功效。在园林绿化中，可作为观叶、观果的树种。

冬青科 Aquifoliaceae

枸骨 *Ilex cornuta*

科属 冬青科冬青属

别名 猫儿刺、老虎刺、八角刺、鸟不宿

形态特征：常绿灌木或小乔木，高（0.6)1~3 m。叶片厚革质，二型，四角状长圆形或卵形，上面具狭沟；花序簇生于二年生枝的叶腋内；花淡黄色，4 基数；果球形；花期 4~5 月，果期 10~12 月。

生境与分布：生于海拔 150~1900 m 的山坡、丘陵等的灌丛中、疏林中以及路边、溪旁和村舍附近。产于江苏、上海、安徽、浙江、江西、湖北、湖南等省市。

主要用途：其根、枝叶和果入药，根有滋补强壮、活络、清风热、祛风湿之功效。种子含油，可作肥皂原料，树皮可作染料和提取栲胶，木材软韧，可用作牛鼻栓。可供庭园观赏。

龟甲冬青 *Ilex crenata* cv. 'Convexa'

科属 冬青科冬青属

别名 豆瓣冬青、龟背冬青

形态特征：常绿小灌木，多分枝，小枝有灰色细毛，叶小而密，叶面凸起，厚革质，椭圆形至长倒卵形。雄花 1~7 朵排成聚伞花序；花 4 基数，白色；花瓣 4，阔椭圆形；果球形，直径 6~8mm，成熟后黑色；花期 5~6 月，果期 8~10 月。

生境与分布：分布于长江下游至华南、华东、华北部分地区。

主要用途：有较好的观赏价值。

卫矛科 Celastraceae

卫矛 *Euonymus alatus*

科属 卫矛科卫矛属

别名 鬼箭羽、六月凌、四面锋

形态特征： 灌木，高 1~3 m；叶卵状椭圆形、窄长椭圆形，偶为倒卵形，边缘具细锯齿；聚伞花序具 1~3 朵花；花白绿色，4 数；萼片半圆形；花瓣近圆形；雄蕊着生于花盘边缘处；蒴果 1~4 深裂；花期 5~6 月，果期 7~10 月。

生境与分布： 生于山坡、沟地边沿。除东北、新疆、青海、西藏、广东及海南以外，全国各省区均产。日本、朝鲜也有分布。

主要用途： 全株可入药，有破血通经、解毒消肿、杀虫的功效，主治瘕结块、心腹疼痛、闭经、痛经、崩中漏下、产后瘀滞腹痛、恶露不下、疝气、历节痹痛、疮肿、跌打伤痛、虫积腹痛、烫火伤、毒蛇咬伤。可作为观赏植物。

扶芳藤 *Euonymus fortunei*

科属 卫矛科卫矛属

别名 过冬青、金线风、络石藤、爬墙草

形态特征： 常绿藤本灌木，高 1 至数米。叶薄革质，椭圆形、长方椭圆形或长倒卵形，宽窄变异较大，可窄至近披针形；聚伞花序 3~4 次分枝；花白绿色，4 数；蒴果粉红色，果皮光滑，近球状；花期 6 月，果期 10 月。

生境与分布： 生于山坡丛林中。分布于我国江苏、浙江、安徽、江西、湖北、湖南、四川、陕西等省。

主要用途： 可作为空气污染严重的工矿区环境绿化树种。

大花卫矛 *Euonymus grandiflorus*

科属 卫矛科卫矛属

别名 野杜仲、金丝杜仲、四棱子

形态特征：灌木或乔木，半常绿，高达8 m。叶近革质，窄长椭圆形或窄倒卵形；疏松聚伞花序具3~9朵花，花序梗长3~6 cm；花黄白色，4数；蒴果近球状，常具窄翅棱，宿存花萼圆盘状；花期6~7月，果期9~10月。

生境与分布：野生于山地灌木丛中或河谷、山坡较湿润处。产于陕西、甘肃、湖北、湖南、四川、贵州、云南等中部和西部省。

主要用途：有祛风湿、舒筋络、补肾的功效，主治痢疾初起、腹痛、肾虚腰痛、风湿疼痛、瘀血闭经。

冬青卫矛 *Euonymus japonicus*

科属 卫矛科卫矛属

别名 绿篱卫矛、大叶黄杨、正木

形态特征：灌木，高可达3 m。小枝四棱，具细微皱突；叶革质，有光泽，倒卵形或椭圆形；聚伞花序具5~12朵花；花白绿色，直径5~7 mm；花瓣近卵圆形；蒴果近球状，淡红色；种子顶生；花期6~7月，果期9~10月。

生境与分布：生长于海拔1000~1200 m的地区，目前已由人工引种栽培。原产日本，现分布在日本以及中国内地的南北各省。

主要用途：可供观赏，常植为绿篱。

省沽油科 Staphyleaceae

野鸦椿 *Euscaphis japonica*

科属 省沽油科野鸦椿属

别名 鸡肾果、鸡眼睛、小山辣子、山海椒

形态特征：落叶小乔木或灌木，高 2~8 m。叶对生，奇数羽状复叶；圆锥花序顶生，花多，较密集，黄白色，萼片与花瓣均 5，花盘盘状，心皮 3；蓇葖果，每一花发育为 1~3 个蓇葖，果皮软革质，紫红色；花期 5~6 月，果期 8~9 月。

生境与分布：生于海拔 500 m 以上的山地、山坡、山谷、河边的灌木丛或阔叶林中。分布于我国的河南、江苏、浙江、四川、福建、湖南、贵州、云南、台湾、广东、广西等地。

主要用途：主治感冒头痛、痢疾、肠炎、月经不调、疝痛、胃痛。野鸦椿因具有观花、观叶和赏果的特点，常作为观赏树种。

槭树科 Aceraceae

三角槭 *Acer buergerianum*

科属 槭树科槭属

别名 三角枫、红树、小叶枫、丫枫树

形态特征：落叶乔木，高 5~10 m，稀达 20 m。叶基部近于圆形或楔形，外貌椭圆形或倒卵形，通常浅 3 裂，稀全缘；花多数常成顶生被短柔毛的伞房花序；花瓣 5，淡黄色，狭窄披针形或匙状披针形；雄蕊 8；花柱 2 裂。翅果黄褐色；花期 4 月，果期 8 月。

生境与分布：生于海拔 300~1000 m 的阔叶林中。产于山东、河南、江苏、浙江、安徽、江西、湖北、湖南、贵州和广东等省，日本也有分布。

主要用途：可供观赏。

鸡爪槭 *Acer palmatum*

科属 槭树科槭属

别名 鸡爪枫、七角枫、槭树

形态特征：落叶小乔木，小枝细瘦。叶纸质，外貌圆形，基部心脏形或近于心脏形，稀截形，5~9 掌状分裂，通常 7 裂，裂片长圆卵形或披针形；花紫色，杂性，雄花与两性花同株，生于无毛的伞房花序；花瓣 5；雄蕊 8；翅与小坚果共长 2~2.5 cm，宽 1 cm，张开成钝角；花期 5 月，果期 9 月。

生境与分布：生于海拔 200~1200 m 的林边或疏林中。产于山东、河南（南部）、江苏、浙江、安徽、江西、湖北、湖南、贵州等省。

主要用途：有止痛、解毒的功效，主治腹痛、背疽、痈疮。可供观赏。

红枫 *Acer palmatum* cv. 'Atropurpureum'

科属 槭树科槭属

别名 紫红鸡爪槭、红枫树、红叶、小鸡爪槭

形态特征：落叶小乔木。单叶交互对生，常丛生于枝顶；叶掌状深裂，裂片5~9，裂深至叶基，裂片长卵形或披针形，叶缘锐锯齿；春、秋季叶红色，夏季叶紫红色；伞房花序，顶生，杂性花；翅果，幼时紫红色，成熟时黄棕色；花期4~5月，果期10月。

生境与分布：主要分布在我国亚热带，特别是长江流域，全国大部分地区均有栽培。

主要用途：红枫是一种非常美丽的观叶树种，其叶形优美，红色鲜艳持久，广泛用于园林绿地及庭园观赏植物。

无患子科 Sapindaceae

复羽叶栾树 *Koelreuteria bipinnata*

科属 无患子科栾树属

别名 灯笼花、风吹果、栾树、马鞍树

形态特征：乔木，高可达20 m。叶平展，二回羽状复叶，互生，很少对生，纸质或近革质；圆锥花序大型，长35~70 cm，分枝广展；花瓣4，长圆状披针形；雄蕊8；子房三棱状长圆形；蒴果椭圆形或近球形；花期7~9月，果期8~10月。

生境与分布：生于海拔400~2500 m的山地疏林中。产于云南、贵州、四川、湖北、湖南、广西、广东等省区。

主要用途：为速生树种，常栽培于庭园供观赏。木材可制家具，种子油可供工业用，又为黄色染料。

无患子 *Sapindus saponaria*

科属 无患子科无患子属

别名 木患子、油患子、苦患树

形态特征：落叶大乔木，高可达 20 余米。叶通常近对生，叶片薄纸质，长椭圆状披针形或稍呈镰形；花序顶生，圆锥形；花小，辐射对称；花瓣 5，小耳状；雄蕊 8；果的发育分果爿近球形，干时变黑；花期春季，果期夏秋。

生境与分布：产于我国东部、南部至西南部。日本、朝鲜、印度以及中南半岛等地也常有栽培。

主要用途：根和果入药，有清热解毒、化痰止咳的功效。

凤仙花科 Balsaminaceae

凤仙花 *Impatiens balsamina*

科属 凤仙花科凤仙花属

别名 急性子、透骨草、金凤花

形态特征：一年生草本，高 60~100 cm。叶互生；花单生或 2~3 朵簇生于叶腋，白色、粉红色或紫色，单瓣或重瓣；旗瓣圆形，兜状，2 裂；雄蕊 5，花丝线形；蒴果；花期 7~10 月。

生境与分布：原产于中国、印度。中国各地庭园广泛栽培。

主要用途：为常见的观赏花卉。

睫毛萼凤仙花 *Impatiens blepharosepala*

科属 凤仙花科凤仙花属

别名 睫萼凤仙花、龙虾花

形态特征：一年生草本，高 30~60 cm，茎直立。叶互生，常密生于茎或分枝上部，矩圆形或矩圆状披针形，长 7~12 cm，宽 3~4 cm；总花梗腋生，花 1~2 朵；花紫色；侧生萼片 2；旗瓣近肾形；唇瓣宽漏斗状；蒴果条形。

生境与分布：生于山谷水旁、沟边林缘或山坡阴湿处，海拔 500~1600 m。产于湖南、湖北、江西、贵州、安徽、福建。

主要用途：可供观赏。

水金凤 *Impatiens noli-tangere*

科属 凤仙花科凤仙花属

别名 鸡腿七、水凤仙、野芝麻

形态特征：一年生草本，高 40~70 cm。茎较粗壮，肉质，直立；叶互生；叶片卵形或卵状椭圆形；总状花序；花黄色；唇瓣宽漏斗状，喉部散生橙红色斑点；雄蕊 5；子房纺锤形；蒴果线状圆柱形；花期 7~9 月。

生境与分布：生于海拔 900~2400 m 的山坡林下、林缘草地或沟边。产于黑龙江、吉林、辽宁、内蒙古、河北、河南、山西、陕西、甘肃、浙江、安徽、浙江、山东、湖北、湖南。

主要用途：有活血调经、舒筋活络的功效，主治月经不调、痛经、跌打损伤、风湿痛、阴囊湿疹。

鼠李科 Rhamnaceae

多花勾儿茶 *Berchemia floribunda*

科属 鼠李科勾儿茶属

别名 牛鼻角秧、皱纱皮

形态特征：藤状或直立灌木。叶纸质，叶柄长 1~2 cm，稀 5.2 cm，无毛；花多数，通常数个簇生排成顶生宽聚伞圆锥花序，或下部兼腋生聚伞总状花序，花序长可达 15 cm；花瓣倒卵形，雄蕊与花瓣等长；核果圆柱状椭圆形；花期 7~10 月，果期翌年 4~7 月。

生境与分布：生于海拔 2600 m 以下的山坡、沟谷、林缘、林下或灌丛中。除东北地区外，全国均有分布。

主要用途：有祛风除湿、散瘀消肿、止痛之功效。嫩叶可代茶。

猫乳 *Rhamnella franguloides*

科属 鼠李科猫乳属

别名 鼠矢枣、长叶绿柴、钉枣柴

形态特征：落叶灌木或小乔木，高 2~9m。叶倒卵状矩圆形、倒卵状椭圆形、矩圆形，长椭圆形，稀倒卵形；花黄绿色，两性，6~18 个排成腋生聚伞花序；花瓣宽倒卵形，顶端微凹；核果圆柱形，成熟时红色或橘红色，干后变黑色或紫黑色；花期 5~7 月，果期 7~10 月。

生境与分布：生于海拔 1100 m 以下的山坡、路旁或林中。产于陕西（南部）、山西（南部）、河北、河南、山东、江苏、安徽、浙江、江西、湖南、湖北（西部）。日本、朝鲜也有分布。

主要用途：根供药用，主治疥疮。皮含绿色染料。

枣 *Ziziphus jujuba*

科属 鼠李科枣属

别名 蒲枣、刺枣

形态特征：落叶乔木。叶互生，锯齿缘，基出3脉；托叶成刺，长刺直伸，短刺钩曲；腋生聚伞花序；花小，黄绿色；萼片5，较大；花瓣5，黄绿色，8~9朵簇生于脱落性枝的叶腋，成聚伞花序；核果长椭圆形，暗红色；花期5~6月，果期9~10月。

生境与分布：我国大部分地区都有种植，主产于山西、陕西、河北、山东、河南、甘肃。

主要用途：枣中富含钙和铁，它们对防治骨质疏松、产后贫血有重要作用。对病后体虚的人也有良好的滋补作用。还可以抗过敏、除腥臭怪味、宁心安神、益智健脑、增强食欲。

葡萄科 Vitaceae

蛇葡萄 *Ampelopsis glandulosa*

科属 葡萄科蛇葡萄属

别名 山葡萄

形态特征：落叶性灌木或爬藤。单叶3~5裂；叶基部5脉，侧脉4或5对；叶基心形，叶缘具尖齿；花序梗1~3 cm；花芽小，花瓣卵形；浆果具2~4枚种子；花期4~8月，果期7~10月。

生境与分布：生于海拔100~2200 m的谷地森林、山坡灌丛的树上或灌木。分布于我国大部分地区。

主要用途：根具有清热解毒、消肿祛湿的功效。

白蔹 *Ampelopsis japonica*

科属 葡萄科蛇葡萄属

别名 五爪藤 、八卦牛

形态特征：木质藤本。小枝圆柱形，卷须不分枝或卷须顶端有短的分叉；叶为掌状，具 3~5 枚小叶；聚伞花序通常集生于花序梗顶端，直径 1~2 cm；花瓣 5，卵圆形；雄蕊 5；果实球形，有种子 1~3 颗；种子倒卵形，顶端圆形；花期 5~6 月，果期 7~9 月。

生境与分布：生于山坡地边、灌丛或草地，海拔 100~900 m。产于辽宁、吉林、河北、山西、陕西、江苏、浙江、江西、河南、湖北、湖南、广东、广西、四川。日本也有分布。

主要用途：本种呈块状膨大的根及全草供药用，具有清热、解毒、散结、生肌、止痛的功效，用于治疗痈肿、疔疮、瘰疬、烫伤、温疟、惊痫、血痢、肠风、痔漏等症。

乌蔹莓 *Cayratia japonica*

科属 葡萄科乌蔹莓属

别名 五爪龙、乌蔹草、五叶藤、母猪藤

形态特征：草质藤本。叶对生，叶为鸟足状，具 5 枚小叶；花序腋生，复二歧聚伞花序；萼碟形；花瓣 4，三角状卵圆形；雄蕊 4。果实近球形；花期 3~8 月，果期 8~11 月。

生境与分布：生于山谷林中或山坡灌丛，海拔 300~2500 m。除西北、东北和华北外，全国都有分布。

主要用途：有清热解毒、活血散瘀、利尿之功效，主治咽喉肿痛、疖肿、痈疽、疔疮、痢疾、尿血、白浊、跌打损伤、毒蛇咬伤。

地锦 *Parthenocissus tricuspidata*

科属 葡萄科爬山虎属

别名 红葡萄藤、趴墙虎、爬山虎

形态特征：木质藤本。卷须5~9叉分枝，相隔2节间断与叶对生。卷须顶端嫩时膨大呈圆珠形，后遇附着物扩大成吸盘；叶为单叶，基出脉5；花序着生在短枝上，形成多歧聚伞花序，长2.5~12.5 cm；果实球形；花期5~8月，果期9~10月。

生境与分布：生于山坡崖石壁或灌丛，海拔150~1200 m。分布于华北、华东、华南、西南各地。朝鲜、日本也有分布。

主要用途：有祛风止痛、活血通络的功效，主治风湿痹痛、中风半身不遂、偏正头痛、产后血瘀、跌打损伤、痈肿疮毒、蛇伤、带状疱疹、溃疡不敛。为著名的垂直绿化植物。

蘡薁 *Vitis bryoniifolia*

科属 葡萄科葡萄属

别名 野葡萄、华北葡萄

形态特征：木质藤本。卷须2叉分枝，每隔2节间断与叶对生；叶长圆卵形；花杂性异株，圆锥花序与叶对生；萼碟形；花瓣5，呈帽状粘合脱落；雄蕊5；花盘发达，5裂；果实球形，成熟时紫红色；花期4~8月，果期6~10月。

生境与分布：生于山谷林中、灌丛、沟边或田埂，海拔150~2500 m。产于我国大部分地区。

主要用途：全株供药用，能祛风湿、消肿痛，藤可造纸，果可酿果酒。

葛藟葡萄 *Vitis flexuosa*

科属 葡萄科葡萄属

别名 葛藟、光叶葡萄、野葡萄

形态特征：木质藤本。卷须 2 叉分枝，每隔 2 节间断与叶对生；叶卵形、三角状卵形、卵圆形或卵椭圆形；圆锥花序疏散，与叶对生；花蕾倒卵圆形；花瓣 5，呈帽状粘合脱落；雌蕊 1；果实球形；花期 3~5 月，果期 7~11 月。

生境与分布：生于山坡、沟谷田边、草地、灌丛或林中，海拔 100~2300 m。产于陕西、甘肃、山东、河南，以及华南、华中、华东、西南等地。

主要用途：根、茎和果实供药用，可治关节酸痛。果实味酸，不能生食。

葡萄 *Vitis vinifera*

科属 葡萄科葡萄属

别名 蒲陶、菩提子、山葫芦

形态特征：木质藤本。小枝圆柱形，有纵棱纹；卷须 2 叉分枝，每隔 2 节间断与叶对生；叶卵圆形；圆锥花序密集或疏散，多花；花瓣 5；雄蕊 5，雌蕊 1；果实球形或椭圆形；花期 4~5 月，果期 8~9 月。

生境与分布：原产于欧洲、西亚和北非一带。我国主要产于新疆、甘肃、山西、河北、山东等地，各地均有栽培。

主要用途：有利尿、消肿、安胎的功效，可治疗妊娠恶阻、呕吐、浮肿等病症。为常见水果，可用于酿酒。

俞藤 *Yua thomsonii*

科属 葡萄科俞藤属

别名 粉叶爬山虎

形态特征：木质藤本。卷须 2 叉分枝，相隔 2 节间断与叶对生；叶为掌状，具 5 枚小叶，草质，小叶披针形或卵披针形；复二歧聚伞花序，与叶对生；花瓣 5，稀 4，雄蕊 5，稀 4；果实近球形，紫黑色；花期 5~6 月，果期 7~9 月。

生境与分布：生于山坡林中，攀缘于树上，海拔 250~1300 m。产于安徽、江苏、浙江、江西、湖北、广西、贵州（东南部）、湖南、福建（西南部）和四川（东南部）。

主要用途：根入药，可以治疗关节炎等症。

杜英科 Elaeocarpaceae

杜英 *Elaeocarpus decipiens*

科属 杜英科杜英属

别名 假杨梅、野橄榄、橄榄

形态特征：常绿乔木，高 5~15 m。叶革质，披针形或倒披针形，长 7~12 cm，宽 2~3.5 cm；叶柄长 1 cm；总状花序多生于叶腋，长 4~10 cm；花柄长 4~5 mm；花白色，萼片披针形；花瓣倒卵形；雄蕊 25~30；核果椭圆形；花期 6~7 月。

生境与分布：多生于海拔 1000 m 以下之山地杂木林中。产于我国南部，浙江、江西、福建、台湾、湖南、广东、广西及贵州（南部）均有分布。

主要用途：观赏植物。

椴树科 Tiliaceae

甜麻 *Corchorus aestuans*

科属 椴树科黄麻属

别名 绳黄麻、土巨肾、野麻黄

形态特征：一年生草本，高约 1 m。叶卵形或阔卵形，边缘有锯齿；花单独或数朵组成聚伞花序生于叶腋或腋外；萼片 5，外面紫红色；花瓣 5，黄色；雄蕊多数，黄色；蒴果长筒形，成熟时 3~4 瓣裂；花期夏季。

生境与分布：生长于荒地、旷野、村旁。为南方各地常见的杂草。产于长江以南各省区。

主要用途：有祛风除湿、舒筋活络的功效，主治风湿痛、跌打损伤。纤维可作为黄麻代用品，用作编织及造纸原料，嫩叶可供食用。

小花扁担杆 *Grewia biloba* var. *parviflora*

科属 椴树科扁担杆属

别名 柏麻、版筒柴、扁担木

形态特征：灌木或小乔木，高 1~4 m，多分枝。嫩枝被粗毛，叶薄革质，椭圆形或倒卵状椭圆形，基出脉 3 条，托叶钻形；聚伞花序腋生，多花；苞片钻形；萼片狭长圆形，外面被毛，内面无毛；核果红色；花期 5~7 月。

生境与分布：分布于海拔 300~2500 m 的沟渠边、灌丛中以及路边。产于江西、湖南、浙江、广东、台湾、安徽、四川等省区。

主要用途：其根、枝、叶有健脾养血、祛风湿、消痞的功效，主治疮疡肿毒、小儿疳积、消化不良、崩漏、带下病、阴挺、脱肛。为观果树种。茎皮纤维色白、质地软，可做人造棉，宜混纺或单纺。

锦葵科 Malvaceae

苘麻 *Abutilon theophrasti*

科属 锦葵科苘麻属

别名 磨盘草、车轮草、野苎麻、八角乌

形态特征：一年生亚灌木状草本，高达1~2 m。叶互生，圆心形，两面均密被星状柔毛；花单生于叶腋，近顶端具节；花萼杯状，密被短绒毛，裂片5；花黄色，花瓣倒卵形；蒴果半球形；花期7~8月。

生境与分布：常见于路旁、荒地和田野间。我国除青藏高原不产外，其他各省区均产。

主要用途：有疏风清热、化痰止咳、消肿解毒的功效，主治感冒、发热、咳嗽、泄泻、中耳炎、耳聋、咽炎、腮腺炎、尿路感染、疮痈肿毒、跌打损伤。茎皮纤维可作纺织材料。

陆地棉 *Gossypium hirsutum*

科属 锦葵科棉属

别名 大陆棉、美洲棉、墨西哥棉

形态特征：一年生草本，高0.6~1.5 m。叶阔卵形，常3浅裂；叶柄长3~14 cm；托叶卵状镰形；花单生于叶腋；花萼杯状，裂片5，三角形，具缘毛；花白色或淡黄色，后变淡红色或紫色；蒴果卵圆形，3~4室；花期夏秋季。

生境与分布：原产于美洲墨西哥。十九世纪末始传入我国栽培。已广泛栽培于全国各产棉区，且已取代树棉和草棉。

主要用途：栽培种植物种子上被覆的纤维，是一种用途很广的天然纺织纤维；该种是世界上四大棉花栽培种中重要的品种。

木芙蓉 *Hibiscus mutabilis*

科属 锦葵科木槿属

别名 白芙蓉、芙蓉花、木莲、木棉

形态特征：落叶灌木或小乔木，高2~5 m。叶宽卵形至圆卵形或心形，常5~7裂，裂片三角形；花单生于枝端叶腋间；小苞片8；萼钟形；花初开时白色或淡红色，后变深红色，花瓣近圆形；蒴果，果爿5；花期8~10月。

生境与分布：原产湖南。黄河流域至华南各省均有栽培，尤以四川、湖南为多。日本和东南亚各国也有栽培。

主要用途：园林观赏植物。

朱槿 *Hibiscus rosa-sinensis*

科属 锦葵科木槿属

别名 扶桑、大红花、状元红

形态特征：常绿灌木，高1~3 m。叶阔卵形或狭卵形；花单生于上部叶腋间，常下垂；萼钟形，被星状柔毛，裂片5，卵形至披针形；花冠漏斗形，玫瑰红色或淡红、淡黄等色；蒴果卵形；花期全年。

生境与分布：广东、云南、台湾、福建、广西、四川等省区有栽培。

主要用途：朱槿的叶有营养价值，在欧美，其嫩叶有时候被当成菠菜的代替品。花大色艳，四季常开，可供园林观赏。

木槿 *Hibiscus syriacus*

科属 锦葵科木槿属

别名 木槿子、芙蓉麻、篱笆花

形态特征：落叶灌木，高 3~4 m，小枝密被黄色星状绒毛。叶菱形至三角状卵形，具深浅不同的 3 裂或无裂；叶柄被星状柔毛；托叶线形。花单生于枝端叶腋间，钟形，淡紫色；雄蕊柱长约 3 cm；蒴果卵圆形；花期 7~10 月。

生境与分布：我国大部分地区均有栽培。

主要用途：为园林观赏植物。

锦葵 *Malva cathayensis*

科属 锦葵科锦葵属

别名 荆葵、钱葵、小钱花

形态特征：二年生或多年生草本，高 50~90 cm。叶互生，托叶卵形，具锯齿，叶圆心形或肾形，具 5~7 片圆齿状钝裂片；花 3~11 朵簇生；萼裂片 5，两面均被柔毛；花紫红色或白色，花瓣 5，匙形；雄蕊柱长 8~10 mm，被刺毛；果扁圆形，分果爿 9~11，被柔毛；花期 5~10 月。

生境与分布：我国南北各城市常有栽培，偶有逸生。

主要用途：有利尿通便、清热解毒的功效，主治大小便不畅、带下病、淋巴结结核、咽喉肿痛。为观赏植物。

地桃花 *Urena lobata*

科属 锦葵科梵天花属

别名 痴头婆、大膏药麻、大梅花树

形态特征：直立亚灌木状草本，高达 1 m，小枝被星状绒毛。茎下部的叶近圆形，基部圆形或近心形，边缘具锯齿；花腋生、单生或稍丛生，淡红色；花萼杯状，裂片 5；花瓣 5，倒卵形；果扁球形；花期 7~10 月。

生境与分布：产于长江以南各省区。

主要用途：有行气活血、祛风解毒的功效，主治跌打损伤、风湿痛、痢疾、刀伤出血、吐血。茎皮富含坚韧的纤维，常作为麻类的代用品。

梧桐科 Sterculiaceae

田麻 *Corchoropsis crenata*

科属 梧桐科田麻属

别名 毛果田麻

形态特征：一年生草本，高 40~60 cm。叶互生，卵形或狭卵形，边缘有钝牙齿；两面密生星芒状短柔毛；花黄色；萼片狭披针形；花瓣倒卵形；能育雄蕊 15，每 3 个成一束；不育雄蕊 5；子房密生星芒状短柔毛；蒴果圆筒形，长 1.7~3 cm，有星芒状柔毛；花期 8~9 月，果期 10 月。

生境与分布：生于海拔 1700 m 以下的山坡疏林下、旷野、路旁。分布于东北、华北、华东，以及湖北、湖南、广东、四川、贵州。

主要用途：全草入药，有平肝利湿、解毒、止血的功效，主治小儿疳积、白带过多、痈疖肿毒。外用治外伤出血。茎皮纤维可代麻，可做绳索或麻袋。

梧桐 *Firmiana simplex*

科属 梧桐科梧桐属

别名 青桐、桐麻

形态特征：落叶乔木，高达 15 m。叶宽达 30 cm，3~5 浅裂或深裂，上面近无毛，下面有星状短柔毛；圆锥花序；花单性，无花瓣；花药约 15，生于雄蕊柱顶端；雌花的雌蕊具柄 5；蓇葖果大型，成熟前开裂成叶状匙形，边缘着生球形种子；花期 6 月，果期 11 月。

生境与分布：原产我国，自华南至河北栽培甚广。日本也有分布。

主要用途：叶、花、根、种子入药，有清热解毒、去湿健脾之功效。对多种有毒气体具较强的抗性。

马松子 *Melochia corchorifolia*

科属 梧桐科马松子属

别名 野路葵、野棉花秸、野棉花

形态特征：花无柄，头状花序。花萼钟状，5 浅裂，外面有毛；花瓣 5，白色，后变为淡红色，矩圆形，基部收缩；雄蕊 5；子房，5 室，密生柔毛；蒴果球形，有5棱，密生长柔毛；花期8~9月。

生境与分布：生于田野间或低丘陵地原野间。广泛分布在长江以南各省和四川内江地区。亚洲热带地区多有分布。

主要用途：有药用价值，主治皮肤瘙痒、癣症、瘾疹、湿疮、湿疹、阴部湿痒等症。茎皮富含纤维，可与黄麻混纺以制麻袋。

猕猴桃科 Actinidiaceae

中华猕猴桃 *Actinidia chinensis*

科属 猕猴桃科猕猴桃属

别名 阳桃、羊桃、藤梨

形态特征：大型落叶木质攀缘藤木，高 7~8 m。叶圆形、卵圆形或倒卵形；聚伞花序具 1~3 朵花；苞片小；花初放时白色，开放后变淡黄色，有香气；花瓣 5；雄蕊极多；果黄褐色，近球形、圆柱形、倒卵形或椭圆形，被茸毛、长硬毛或刺毛状长硬毛，成熟时秃净或不秃净，具小而多的淡褐色斑点；花期 4~5 月。

生境与分布：分布于南北交界的山区一带，垂直分布可达海拔 1850 m。

主要用途：本种果实是本属中最大的一种，可供食用，营养丰富。主治风湿性关节炎、淋巴结核、跌打损伤、痈疖、肝炎、水肿、乳汁不足、淋浊、带下、瘰疬。

山茶科 Theaceae

山茶 *Camellia japonica*

科属 山茶科山茶属

别名 茶花、宫粉茶、宫粉花

形态特征：常绿阔叶灌木或小乔木。叶互生，椭圆形、长椭圆形、卵形至倒卵形，边缘有锯齿；花两性，常单生或 2~3 朵着生于枝梢顶端或叶腋间；苞萼 9~10，覆瓦状排列；花单瓣，花瓣 5~7，大红色；雄蕊发达；蒴果圆形。

生境与分布：常生于松栎混交林或常绿阔叶林灾生灌丛中。山茶花原产我国，后传入欧美。现各地广泛栽培。

主要用途：具有收敛凉血、止血的功效，主治吐血、衄血、便血、血崩，外用治烧烫伤、创伤出血。花可供观赏。种子可供榨油。

茶梅 *Camellia sasanqua*

科属 山茶科山茶属

别名 茶梅花、冬红山茶、油茶

形态特征： 小乔木，嫩枝有毛。叶革质，椭圆形；边缘有细锯齿，稍被残毛；花大小不一，直径 4~7 cm；苞及萼片 6~7；花瓣 6~7，红色；雄蕊离生，子房被茸毛；蒴果球形。

生境与分布： 分布于日本，我国多栽培。

主要用途： 观赏植物。

细齿叶柃 *Eurya nitida*

科属 山茶科柃木属

别名 白茶条、光叶柃木、亮叶柃

形态特征： 灌木或小乔木，高 2~5 m。叶薄革质，椭圆形、长圆状椭圆形或倒卵状长圆形；花 1~4 朵簇生于叶腋；雄蕊 14~17；雌花的小苞片和萼片与雄花同；花瓣 5；果实圆球形，成熟时蓝黑色；花期 11 月至翌年 1 月，果期翌年 7~9 月。

生境与分布： 多生于海拔 1300 m 以下的山地林中、沟谷溪边林缘以及山坡路旁灌丛中。广泛分布于浙江（东南部）、江西（南部）、海南、广西（东部）、贵州等地。

主要用途： 有祛风除湿、解毒敛疮、止血之功效，主治风湿痹痛、泄泻、无名肿毒、疮疡溃烂、外伤出血。

藤黄科 Clusiaceae

地耳草 *Hypericum japonicum*

科属　藤黄科地耳草属

别名　小元宝草、小还魂、小连翘

形态特征：一年生或多年生草本，高 2~45 cm。叶片通常卵形或卵状三角形至长圆形或椭圆形，基部心形抱茎至截形；花序具 1~30 朵花，两歧状或多少呈单歧状；花瓣白色、淡黄至橙黄色，椭圆形或长圆形；蒴果短圆柱形至圆球形；花期 3~6 月，果期 6~10 月。

生境与分布：生于田边、沟边、草地以及荒地上，海拔 0~2800 m。产于辽宁、山东至长江以南各省区。

主要用途：全草入药，有清热解毒、止血消肿的功效，主治传染性肝炎、泻痢、小儿惊风、疳积、喉蛾、肠痈、疖肿、蛇咬伤、跌打损伤以及疮毒。

金丝桃 *Hypericum monogynum*

科属　藤黄科金丝桃属

别名　金线蝴蝶、金丝海棠、土连翘

形态特征：灌木，高 0.5~1.3 m。叶对生，倒披针形或椭圆形至长圆形，坚纸质；花序具 1~15(30) 朵花；花瓣金黄色至柠檬黄色，无红晕，开张，三角状倒卵形，雄蕊 5 束，每束有雄蕊 25~35 枚；蒴果宽卵珠形或稀为卵珠状圆锥形至近球形；种子深红褐色，有狭龙骨状突起；花期 5~8 月，果期 8~9 月。

生境与分布：生于山坡、路旁或灌丛中，沿海地区海拔 0~150 m，但在山地上升至 1500 m。产于我国大部分地区。日本也有引种。

主要用途：果实及根供药用，果作连翘代用品，有祛风、止咳、下乳、调经补血的功效。花美丽，可供观赏。

贯叶连翘 *Hypericum perforatum*

科属 藤黄科金丝桃属

别名 千层楼、大对叶草、大叶对

形态特征：多年生草本，高 20~60 cm。叶无柄，椭圆形至线形，先端钝形，基部近心形而抱茎；两歧状的聚伞花序；花瓣黄色；雄蕊多数；蒴果长圆状卵珠形，具背生腺条及侧生黄褐色囊状腺体；花期 7~8 月，果期 9~10 月。

生境与分布：生于海拔 500~2100 m 的山坡、路旁、草地、林下及河边等处。产于河北、山西、陕西、甘肃、新疆、山东、江苏、江西、河南、湖北、湖南、四川及贵州。

主要用途：常用草药，主治妇女调经，亦有宁神、平衡情绪的功效，临床上发现其对抑郁症患者有疗效。

元宝草 *Hypericum sampsonii*

科属 藤黄科金丝桃属

别名 王不留行、对叶草

形态特征：半常绿小灌木，高达 1 m，全株光滑无毛。叶片有透明腺点，长椭圆形；花顶生，单生或成聚伞花序；小苞片披针形；萼片 5，卵状椭圆形，顶端微钝；花瓣 5；蒴果卵圆形；花果期 6~8 月。

生境与分布：生于路旁、山坡、草地、灌丛、田边、沟边等处，海拔 0~1200 m。产于陕西至江南各省。

主要用途：果和根可供药用，具有清热解毒、通经活络、凉血止血之功效，主治小儿高热、痢疾、月经不调、白带，外用治外伤出血、跌打损伤、乳腺炎、烧烫伤、毒蛇咬伤。

堇菜科 Violaceae

戟叶堇菜 *Viola betonicifolia*

科属 堇菜科堇菜属

别名 地草果、地黄瓜、地丁草

形态特征：多年生草本，无地上茎。叶多数，均基生，莲座状；叶片狭披针形、长三角状戟形或三角状卵形；花白色或淡紫色；萼片卵状披针形或狭卵形；蒴果椭圆形至长圆形；花果期 4~9 月。

生境与分布：生于田野、路边、山坡草地、灌丛、林缘等处。除华北、西北、东北外，全国均有分布。

主要用途：全草供药用，有清热解毒、消肿散瘀之功效，主治感冒、咳嗽、喉痛、结膜炎、麦粒肿、痈疮肿毒、跌打损伤、阑尾炎、支气管炎。外敷可治节疮痈肿。

紫花地丁 *Viola philippica*

科属 堇菜科堇菜属

别名 辽堇菜、野堇菜、光瓣堇菜

形态特征：多年生草本，果期高可达 20 余厘米。叶片下部者通常较小，呈三角状卵形或狭卵形；花中等大，紫堇色或淡紫色，稀呈白色，喉部色较淡并带有紫色条纹；花瓣倒卵形或长圆状倒卵形，侧方花瓣长；蒴果长圆形；花果期 4 月中下旬至 9 月。

生境与分布：生于田间、荒地、山坡草丛、林缘或灌丛中。我国大部分地区有分布。

主要用途：有清热解毒、凉血消肿的功效，主治黄疸、痢疾、乳腺炎、目赤肿痛、咽炎，外敷治跌打损伤、痈肿、毒蛇咬伤。可作为早春观赏花卉。

三色堇 *Viola tricolor*

科属 堇菜科堇菜属

别名 蝴蝶花、鬼花脸、三色堇菜

形态特征：茎高 10~40 cm。基生叶长卵形或披针形，具长柄；茎生叶卵形、长圆状圆形或长圆状披针形；花大，通常每花有紫、白、黄三色；萼片绿色，长圆状披针形；上方花瓣深紫色，侧方及下方花瓣均为三色，下方花瓣距较细；蒴果椭圆形；花期 4~7 月，果期 5~8 月。

生境与分布：原产于欧洲北部，我国南北方普遍栽培。

主要用途：观赏花卉。

大风子科 Flacourtiaceae

柞木 *Xylosma congesta*

科属 大风子科柞木属

别名 刺凿、油尖木、葫芦刺

形态特征：常绿大灌木或小乔木，高 4~15 m。叶薄革质；花小，总状花序腋生；花萼 4~6，卵形，外面有短毛；花瓣缺；浆果黑色，球形，顶端有宿存花柱；花期春季，果期冬季。

生境与分布：生于海拔 800 m 以下的林边、丘陵和平原或村边附近灌丛中。产于秦岭以南和长江以南各省区。

主要用途：有清热利湿、散瘀止血、消肿止痛的功效，主治跌打肿痛、骨折、脱臼、外伤出血。

旌节花科 Stachyuraceae

中国旌节花 *Stachyurus chinensis*

科属 旌节花科旌节花属

别名 水凉子、萝卜药、通草

形态特征：灌木，株高 3~4 m，树皮紫褐色，平滑。叶互生，纸质，卵形至卵状矩圆形；总状花序下垂，具花 15~20 朵，花瓣 4，黄色；浆果球形，有短柄；花期 3~4 月，果期 6~8 月。

生境与分布：长江流域及秦岭以南均可生长。原产于我国，越南也有分布。

主要用途：其茎髓为著名的中药“通草”，有利尿、催乳、清湿热等功效，主治水肿、淋病。

秋海棠科 Begoniaceae

四季秋海棠 *Begonia cucullata*

科属 秋海棠科秋海棠属

别名 四季秋海滨、蚬肉海棠

形态特征：肉质草本，高 15~30 cm。叶卵形或宽卵形；花顶生或腋出，雌雄异花，雌花有倒三角形子房；雄花较大，有花被片 4，雌花稍小，有花被片 5；花色有橙红、桃红、粉红、白色等；蒴果绿色，有带红色的翅；常年开花。

生境与分布：原产于巴西，中国各地均有栽培。

主要用途：可清热解毒，主治疮疖。可作盆栽。

瑞香科 Thymelaeaceae

芫花 *Daphne genkwa*

科属 瑞香科瑞香属

别名 芫花条、药鱼草、莞花

形态特征：落叶灌木，高 0.3~1 m。叶对生；花比叶先开放，紫色或淡紫蓝色，无香味，常 3~6 朵簇生于叶腋或侧生，具灰黄色柔毛；果实肉质，白色；花期 3~5 月，果期 6~7 月。

生境与分布：生于海拔 300~1000 m。产于我国大部分地区。日本也有栽培。

主要用途：花蕾药用，可治水肿和祛痰；根可毒鱼；全株可作农药，煮汁可杀虫，灭天牛虫效果良好。为观赏植物；茎皮纤维柔韧，可作造纸和人造棉原料。

结香 *Edgeworthia chrysantha*

科属 瑞香科结香属

别名 百结树、春花、打结树

形态特征：灌木。叶在花前凋落；头状花序顶生或侧生，花萼外面密被白色丝状毛，顶端 4 裂，裂片卵形；雄蕊 8，2 列，上列 4 枚与花萼裂片对生，下列 4 枚与花萼裂片互生；子房卵形，顶端被丝状毛；果椭圆形；花期冬末春初，果期春夏间。

生境与分布：产于河南、陕西及长江流域以南诸省区。野生或栽培。

主要用途：有安神、明目、祛障翳的功效，主治青盲、翳障、多泪、羞明、梦遗、虚淋、失音。为观赏植物。

多毛荛花 *Wikstroemia pilosa*

科属 瑞香科荛花属

别名 毛花荛花、地棉皮、柔毛荛花

形态特征：灌木，高达 1 m。叶膜质，对生、近对生或互生，卵形、椭圆状卵形或椭圆形，两面被长柔毛；总状花序顶生或腋生；花黄色；花萼筒纺锤形；雄蕊 10，2 列；果红色；花期秋季，果期冬季。

生境与分布：凡山坡、路旁、灌丛中均有生长。产于浙江、安徽、江西、湖南等地。

主要用途：具破结散瘀、清热解毒、消肿逐水的功效。

胡颓子科 Elaeagnaceae

胡颓子 *Elaeagnus pungens*

科属 胡颓子科胡颓子属

别名 羊奶子、白叶丹、斑楂

形态特征：常绿直立灌木，高 3~4 m，具刺，刺顶生或腋生。叶革质，椭圆形或阔椭圆形，稀矩圆形；花白色或淡白色，下垂，密被鳞片，1~3 朵花生于叶腋锈色短小枝上；萼筒圆筒形或漏斗状圆筒形；果实成熟时红色；花期 9~12 月，果期翌年 4~6 月。

生境与分布：生于海拔 1000 m 以下的向阳山坡或路旁。产于江苏、浙江、福建、安徽、江西、湖北、湖南、贵州、广东、广西。日本也有分布。

主要用途：种子、叶和根可入药。果实可消食止痢。根可治传染性肝炎、小儿疳积、风湿关节痛、咯血、吐血、便血、崩漏、带下病、跌打损伤。叶可用于咳嗽、哮喘。果实味甜，可生食，也可酿酒和熬糖。茎皮纤维可作造纸和人造棉原料。

千屈菜科 Lythraceae

萼距花 *Cuphea hookeriana*

科属 千屈菜科萼距花属

别名 紫花满天星、孔雀兰

形态特征：灌木或亚灌木状，高30~70 cm，直立。叶薄革质，披针形或卵状披针形，稀矩圆形，顶部的为线状披针形；花单生于叶柄之间或近腋生，组成少花的总状花序；花萼基部上方具短距，带红色；花瓣 6；雄蕊11，有时 12，其中 5~6 枚较长。

生境与分布：喜高温，稍耐阴，不耐寒。原产墨西哥，在我国广东、广西、云南、福建等省区已引种栽培。

主要用途：萼距花油可用以制取肥皂、清洁剂、表面活化剂、润滑油等，并且还具有医药、营养、食用等多种用途。有较高观赏价值。

紫薇 *Lagerstroemia indica*

科属 千屈菜科紫薇属

别名 痒痒花、痒痒树、紫金花

形态特征：落叶灌木或小乔木，高可达7 m。叶互生或有时对生，纸质，椭圆形、阔矩圆形或倒卵形；花淡红色、紫色或白色，花瓣 6；蒴果椭圆状球形或阔椭圆形，幼时绿色至黄色，成熟时或干燥时呈紫黑色，室背开裂；花期 6~9 月，果期 9~12 月。

生境与分布：我国广东、广西、湖南、福建、江西、浙江、江苏、湖北、河南、陕西、四川、云南、贵州及吉林均有生长或栽培。

主要用途：花色鲜艳美丽，花期长，已广泛栽培为庭园观赏树，有时亦作盆景。

千屈菜 *Lythrum salicaria*

科属 千屈菜科千屈菜属

别名 水柳、红筷子、水枝柳

形态特征：多年生草本，高 30~100 cm，枝通常具 4 棱。叶对生或三叶轮生，披针形或阔披针形；花组成小聚伞花序，簇生；花瓣 6，红紫色或淡紫色，倒披针状长椭圆形；雄蕊 12，6 长 6 短；蒴果。

生境与分布：生于河岸、湖畔、溪沟边和潮湿草地。全国各地均有栽培。

主要用途：全草入药，主治肠炎、痢疾、便血，外用于外伤出血。为花卉观赏植物。

石榴 *Punica granatum*

科属 千屈菜科石榴属

别名 安石榴、山力叶、若榴木

形态特征：落叶灌木或乔木，高通常 3~5 m，稀达 10 m。叶通常对生，矩圆状披针形；叶柄短；花大，通常红色或淡黄色；浆果近球形，通常为淡黄褐色或淡黄绿色；花期 5~10 月，果期 9~10 月。

生境与分布：原产于巴尔干半岛至伊朗及其邻近地区，全世界的温带和热带都有种植。

主要用途：果皮入药，有涩肠止血的功效，主治慢性下痢及肠痔出血等症，根皮可驱绦虫和蛔虫。常为观赏植物。

圆叶节节菜 *Rotala rotundifolia*

科属 千屈菜科节节菜属

别名 禾虾菜、猪肥菜、过塘蛇

形态特征：一年生草本，高 5~30 cm，微带紫红色。叶对生，近圆形、阔倒卵形或阔椭圆形；花单生于苞片内，组成顶生稠密的穗状花序；萼筒阔钟形，膜质，半透明，裂片 4，三角形；花瓣 4，淡紫红色；蒴果椭圆形，3~4 瓣裂；花果期 12 月至翌年 6 月。

生境与分布：生于水田或潮湿的地方，华南地区极为常见。

主要用途：有散瘀止血、除湿解毒的功效，主治跌打损伤、内外伤出血、骨折、风湿痹痛、蛇咬伤、痈疮肿毒、疥癣、痢疾、淋病、水臌、急性肝炎、急性咽喉炎、月经不调、痛经、烫伤、火伤。

蓝果树科 Nyssaceae

喜树 *Camptotheca acuminata*

科属 蓝果树科喜树属

别名 千丈树、旱莲、天梓树

形态特征：落叶乔木，高达 20 余米。叶互生，纸质，矩圆状卵形或矩圆状椭圆形；头状花序近球形；花杂性，同株；苞片 3，三角状卵形；花瓣 5，淡绿色，矩圆形或矩圆状卵形；雄蕊 10；翅果矩圆形；花期 5~7 月，果期 9 月。

生境与分布：常生于海拔 1000 m 以下的林边或溪边。产于江苏（南部）、浙江、福建、江西、湖北、湖南、四川、贵州、广东、广西、云南等省区。

主要用途：有抗癌、清热、杀虫的功效，主治胃癌、慢性粒细胞性白血病、急性淋巴细胞性白血病。可作为庭园树或行道树。

八角枫科 Alangiaceae

八角枫 *Alangium chinense*

科属 八角枫科八角枫属

别名 包子树、八角将军、白金树

形态特征：落叶乔木或灌木，高 3~5 m，稀达 15 m。叶纸质，近圆形或椭圆形、卵形，顶端短锐尖或钝尖；聚伞花序腋生；花瓣 6~8，线形，长 1~1.5 cm，宽 1 mm，基部粘合，上部开花后反卷；花盘近球形；核果卵圆形，种子 1 颗；花期 5~7 月和 9~10 月，果期 7~11 月。

生境与分布：生于海拔 1800 m 以下的山地或疏林中。广泛分布在我国黄河以南地区，东南亚及非洲东部各国也有分布。

主要用途：本种药用，根名白龙须，茎名白龙条，主治风湿、跌打损伤、外伤出血等。观赏树种。

瓜木 *Alangium platanifolium*

科属 八角枫科八角枫属

别名 筱悬叶瓜木、八角枫

形态特征： 落叶灌木或小乔木，高5~7 m。叶纸质，近圆形，稀阔卵形或倒卵形；聚伞花序生于叶腋，长3~3.5 cm，通常有3~5朵花；花瓣6~7，线形，紫红色，基部粘合，上部开花时反卷；雄蕊6~7；核果长卵圆形或长椭圆形；花期3~7月，果期7~9月。

生境与分布： 生于海拔2000 m以下的向阳山坡或疏林中。产于我国大部分地区。

主要用途： 根叶药用，主治风湿和跌打损伤等病，又可以作农药。本种的树皮含鞣质，纤维可做人造棉。

野牡丹科 Melastomataceae

金锦香 *Osbeckia chinensis*

科属 野牡丹科金锦香属

别名 仰天钟、金香炉、金钟草

形态特征： 直立草本或亚灌木，高20~60 cm。茎四棱形，叶片坚纸质，线形或线状披针形；头状花序，顶生，有花2~8(10)朵；花瓣4，淡紫红色或粉红色；蒴果紫红色，4纵裂；花期7~9月，果期9~11月。

生境与分布： 生于海拔1100 m以下的荒山草坡、路旁、田地边或疏林下。产于广西以东、长江流域以南各省。从越南至澳大利亚、日本均有分布。

主要用途： 全草入药，具清热利湿、消肿解毒、止咳化痰的功效。主治急性细菌性痢疾、阿米巴痢疾、阿米巴肝脓疡、肠炎、感冒咳嗽、咽喉肿痛、肺结核咯血、阑尾炎、毒蛇咬伤、疔疮疖肿等。为观赏植物。

菱科 Trapaceae

欧菱 *Trapa natans* var. *pumila*

科属 菱科菱属

别名 四角野菱、刺菱、野菱角

形态特征：一年生浮水水生植物。根二型：着泥根和同化根。叶二型：浮水叶互生，三角形状菱圆形，全缘；沉水叶小，早落。花小，单生于叶腋，两性，花梗长 2~2.5 cm；萼管 4 裂；花瓣 4，白色；雄蕊 4，花药丁字形着生；果三角状菱形。

生境与分布：产于浙江、江西、湖北、四川、云南等省。

主要用途：果实较小，富含淀粉，可食用。

柳叶菜科 Onagraceae

倒挂金钟 *Fuchsia* × *hybrida*

科属 柳叶菜科倒挂金钟属

别名 灯笼花、吊钟花、海棠

形态特征：半灌木，茎直立，高 50~200 cm。叶对生，卵形或狭卵形；花两性，下垂；花梗纤细，淡绿色或带红色；花管红色，筒状；花瓣色多变，紫红色、红色、粉红、白色；雄蕊 8，花丝红色，伸出花管外的长 1.8~3 cm；花柱红色；果紫红色，倒卵状长圆形；花期 4~12 月。

生境与分布：原产于中南美洲国家。广泛栽培于全世界。

主要用途：主治跌打损伤、风湿痹痛、胃痛、肝炎、水肿、无名肿毒等病症。为观赏花卉植物。

黄花水龙 *Ludwigia peploides* subsp. *stipulacea*

科属 柳叶菜科丁香蓼属

别名 过塘蛇、水龙

形态特征：多年生浮水或上升草本。浮水茎长达 3 m，直立茎高达 60 cm；叶长圆形或倒卵状长圆形；花单生于上部叶腋；花瓣鲜金黄色，基部常有深色斑点；雄蕊 10，花丝鲜黄色；蒴果具 10 条纵棱；花期 6~8 月，果期 8~10 月。

生境与分布：生长在海拔 50~200 m 的运河、池塘、水田湿地。主要分布于浙江、福建与广东（东部）。

主要用途：生长快速，可作为水池绿化植物。对富营养化水体中氮磷去除效果显著。

丁香蓼 *Ludwigia prostrata*

科属 柳叶菜科丁香蓼属

别名 小石榴树、小石榴叶、小疗药

形态特征：一年生直立草本，茎高 25~60 cm，下部圆柱状，上部四棱形，常淡红色。叶狭椭圆形；萼片 4，三角状卵形至披针形；花瓣黄色，匙形，雄蕊 4；蒴果四棱形；花期 6~7 月，果期 8~9 月。

生境与分布：生于稻田、河滩、溪谷旁阴湿处，海拔 100~700 m。主产于海南、广西与云南（南部）。

主要用途：有清热解毒、利湿消肿的功效，主治肺热咳嗽、咽喉肿痛、目赤肿痛、湿热泻痢、黄疸、淋痛、水肿、带下病、肠炎、痢疾、传染性肝炎、肾炎水肿、膀胱炎、白带、痔疮。外用可治痈疖疔疮、蛇虫咬伤、狂犬咬伤。

小二仙草科 Haloragidaceae

穗状狐尾藻 *Myriophyllum spicatum*

科属 小二仙草科狐尾藻属

别名 狗尾巴草、孤尾藻、狐尾草

形态特征：多年生沉水草本。茎圆柱形，分枝极多；叶常5片轮生；花两性，单性或杂性，雌雄同株，单生于苞片状叶腋内，常4朵轮生；分果广卵形或卵状椭圆形，具4纵深沟，沟缘表面光滑；花从春到秋陆续开放，4~9月陆续结果。

生境与分布：为世界广布种，我国南北各地池塘、河沟、沼泽中常有生长。

主要用途：全草入药，有清凉、解毒、止痢的功效，主治慢性下痢。

五加科 Araliaceae

楤木 *Aralia chinensis*

科属 五加科楤木属

别名 白背楤木、见血飞、刺老包

形态特征：小乔木或灌木，高2~8 m，树皮灰色，疏生粗壮直刺。小枝被黄棕色绒毛，疏生短刺；叶为二至三回羽状复叶，长60~110 cm；小叶卵形、阔卵形或长卵形；花白色，芳香；果实球形，具5棱；花期7~9月，果期8~10月。

生境与分布：生于林内、林缘或灌丛中。分布于黄河以南至两广北部，西南、东南各省区。

主要用途：常用中草药，具有镇痛消炎、祛风行气、祛湿活血之功效，主治胃炎、肾炎及风湿疼痛。

八角金盘 *Fatsia japonica*

科属 五加科八角金盘属

别名 手树、日本八角金盘、金盘八角

形态特征：常绿灌木，丛生，叶革质，掌状，7~9深裂，表面有光泽，边缘有锯齿或呈波状，绿色，有时边缘金黄色，叶柄长，基部肥厚。11月间由枝梢叶腋抽生球状伞形花序，开白色小花，浆果球形，翌年4月下旬成熟，紫黑色，外被白粉。

生境与分布：原产于日本暖地近海的山中林间，喜阴湿而暖的通风环境。

主要用途：有活血化瘀、化痰止咳、散风除湿、化瘀止痛的功效，主治跌打损伤、咳嗽痰多、风湿痹痛、痛风。为观叶植物。

洋常春藤 *Hedera helix*

科属 五加科常春藤属

别名 爬树藤、爬墙虎、过墙风

形态特征：常绿攀缘灌木，茎长3~20 m，有气生根。叶片革质，在不育枝上通常为三角状卵形或三角状长圆形；伞形花序单个顶生；花淡黄白色或淡绿白色，芳香；花瓣5，三角状卵形；果实球形，红色或黄色；花期9~11月，果期翌年3~5月。

生境与分布：原产于欧洲，常攀缘于林缘树木、林下路旁、岩石和房屋墙壁上，庭园中也常有栽培。

主要用途：有祛风利湿、活血消肿的功效，主治风湿关节痛、腰痛、跌打损伤、肾炎水肿、经闭，外用于痈疖肿毒、瘾疹、湿疹。枝叶可供观赏。

伞形科 Apiaceae

细叶芹 *Chaerophyllum villosum*

科属　伞形科细叶芹属

别名　香叶芹

形态特征：一年生草本，高 20~70 cm。较下部的茎生叶阔卵形，三出式羽状分裂；复伞形花序顶生或腋生；小伞形花序花瓣白色，淡黄色或淡蓝紫色；两性花 3~7，花瓣的大小、形状同雄花；双悬果线状长圆形；花果期 7~9 月。

生境与分布：生长在海拔 2100~2800 m 的山涧林下及路旁草地。主产于云南、四川、西藏等地。

主要用途：有刺激循环、缓解关节疼痛的功效。

芫荽 *Coriandrum sativum*

科属　伞形科芫荽属

别名　香荽、胡荽

形态特征：一年生或二年生，为有强烈气味的草本，高 20~100 cm。根生叶有柄，叶片一或二回羽状全裂，羽片广卵形或扇形半裂；伞形花序顶生或与叶对生；小伞形花序有孕花 3~9 朵，花白色或带淡紫色；花瓣倒卵形；果实圆球形；花果期 4~11 月。

生境与分布：原产于欧洲地中海地区，现我国大部分省区均有栽培。

主要用途：具有发汗透疹、消食下气、醒脾和中之功效，主治麻疹初期透出不畅、食物积滞、胃口不开、脱肛等病症。茎叶可作蔬菜和调香料，并有健胃消食作用，果实可提制芳香油。

野胡萝卜 *Daucus carota*

科属 伞形科胡萝卜属

别名 黄萝卜、红萝卜、山萝卜

形态特征：二年生草本，高 30~100 cm。叶片二至三回羽状分裂；复伞形花序，总苞片多个，羽状分裂，下部边缘白色膜质，裂片线形，外折；花瓣白色、黄色或淡红色；果实有翅，翅上有 1 行钩状刺；花期 4~5 月，果期 5~6 月。

生境与分布：生于田野荒地、山坡、路旁。产于四川、贵州、湖北、江西、安徽、江苏、浙江等省。

主要用途：种子可泡茶，有助于治疗疝气或胃肠胀气，叶有利尿的作用。

天胡荽 *Hydrocotyle sibthorpioides*

科属 伞形科天胡荽属

别名 破钱草、破铜钱、落地梅花

形态特征：多年生草本，有气味。叶片膜质至草质，圆形或肾圆形；伞形花序与叶对生，单生于节上；花序梗纤细；小伞形花序有花 5~18 朵，花瓣卵形，绿白色；果实略呈心形，成熟时有紫色斑点；花果期 4~9 月。

生境与分布：通常生长在湿润的草地、河沟边、林下，海拔 475~3000 m。产于陕西、江苏、安徽、浙江、江西、湖北、广东、台湾、四川、云南等省区。

主要用途：全草入药，有清热、利尿、消肿、解毒的功效，主治黄疸、赤白痢疾、目翳、喉肿、痈疽疔疮、跌打瘀伤。有观赏价值。

水芹 *Oenanthe javanica*

科属 伞形科水芹属

别名 楚葵、河芹、辣野菜、芹菜

形态特征：多年生草本，高 15~80 cm。基生叶有柄，叶片轮廓三角形；茎上部叶无柄，裂片和基生叶的裂片相似，较小；复伞形花序顶生；小伞形花序有花 20 余朵；萼齿线状披针形；花瓣白色，倒卵形；果实近于四角状椭圆形或筒状长圆形；花期 6~7 月，果期 8~9 月。

生境与分布：多生于浅水低洼地方或池沼、水沟旁。产于我国各地。

主要用途：茎叶可作蔬菜食用；全草民间也作药用，有降低血压的功效。

异叶茴芹 *Pimpinella diversifolia*

科属 伞形科茴芹属

别名 八月白、鹅脚板、苦爹菜

形态特征：多年生草本，高 40~120 cm。基生叶和茎下部的叶有长柄或近无柄；茎下部叶的中间裂片圆卵形；复伞形花序顶生；花白色或绿色；花瓣卵形；雄蕊 5；双悬果球状卵形，基部近心形，果棱显著；花期 8 月，果期 9~10 月。

生境与分布：生于海拔 160~3300 m 的山坡草丛中、沟边或林下。分布于江苏、安徽、浙江、湖北、湖南、广西、广东、云南、甘肃、陕西等地。

主要用途：具有健胃止血、散瘀、解毒的功效，主治偏头痛、腹痛、痢疾、肠炎、经闭、痛经、跌打损伤、瘰疬、肺脓疡、蛇虫咬伤、湿疹。

小窃衣 *Torilis japonica*

科属 伞形科窃衣属

别名 破子草、大叶山胡萝卜、粘粘草

形态特征： 一年生或多年生草本，高10~70 cm。叶卵形，一至二回羽状分裂；复伞形花序顶生和腋生；伞辐2~4，有纵棱及向上紧贴的硬毛；小伞形花序有花4~12朵；花瓣白色；果实长圆形，有内弯或呈钩状的皮刺；花果期4~10月。

生境与分布： 生于海拔150~3060 m的杂木林下、林缘、路旁、沟边及溪边草丛中。分布在北非、欧洲、亚洲，包括中国大陆各地。

主要用途： 具有杀虫止泻、收湿止痒的功效，主治虫积腹痛、泻痢、疮疡溃烂、阴痒带下、风湿疹。

窃衣 *Torilis scabra*

科属 伞形科窃衣属

别名 鹤虱、粘粘草、破子衣

形态特征： 一年生或多年生草本，高10~70 cm。茎单生，有分枝；叶卵形，小叶片披针状卵形；复伞形花序顶生和腋生；小伞形花序有花4~12朵；花瓣白色，倒圆卵形；花柱基部圆锥状；果实长圆形；花果期4~11月。

生境与分布： 生长于海拔250~2400 m的地区，见于林下、河边、山坡、路旁和空旷草地上。分布在北美、日本以及我国大部分地区。

主要用途： 具有活血消肿、收敛杀虫等功效，主治慢性腹泻、蛔虫病，外用可治痈疮溃疡、阴道滴虫等症。

山茱萸科 Cornaceae

洒金桃叶珊瑚 *Aucuba japonica* cv. 'Variegata'

科属 山茱萸科桃叶珊瑚属

别名 洒金东瀛珊瑚、花叶青木

形态特征：叶对生，叶片椭圆状卵圆形至长椭圆形，散生大小不等的黄色或淡黄色的斑点，先端尖，边缘疏生锯齿。雌雄异株，3~4 月开花，花小，紫红色或暗紫色，圆锥花序顶生；浆果状核果，鲜红色；果期 11 月至翌年 2 月。

生境与分布：分布于华东地区，原产于日本和朝鲜半岛。

主要用途：观赏植物。

红瑞木 *Cornus alba*

科属 山茱萸科梾木属

别名 凉子木、红瑞山茱萸

形态特征：灌木，高达 3 m。叶对生，纸质，椭圆形，稀卵圆形，下面粉绿色，被白色贴生短柔毛；伞房状聚伞花序顶生，被白色短柔毛；花小，白色或淡黄白色；花瓣 4，卵状椭圆形；雄蕊 4；核果，成熟时乳白色或蓝白色；花期 6~7 月，果期 8~10 月。

生境与分布：生于海拔 600~1700 m（在甘肃可高达 2700 m）的杂木林或针阔叶混交林中。产于黑龙江、吉林、辽宁、内蒙古、河北、陕西、甘肃、青海、山东、江苏、江西等省区。

主要用途：种子含油量约为 30%，可供工业用。为庭园观赏植物。

四照花 *Cornus kousa* subsp. *chinensis*

科属 山茱萸科四照花属

别名 石枣、羊梅、山荔枝

形态特征：落叶灌木或小乔木，高可达 9 m。叶对生，卵形或卵状椭圆形；白色的总苞片 4 枚，花瓣状，卵形或卵状披针形；5~6 月开花，光彩四照，所以名曰“四照花”；核果聚为球形的聚合果，肉质，9~10 月成熟后变为紫红色。

生境与分布：喜温暖气候和阴湿环境，多生于海拔 600~2200 m 的林内及阴湿溪边。产于长江流域诸省及河南、陕西、甘肃等地。

主要用途：入药有暖胃、通经、活血的功效。鲜叶敷伤口，可消肿。根及种子煎水服用可补血，主治妇女月经不调和腹痛。富有观赏性。

杜鹃花科 Ericaceae

锦绣杜鹃 *Rhododendron* × *pulchrum*

科属 杜鹃花科杜鹃属

别名 紫杜鹃、毛鹃、艳紫杜鹃

形态特征：半常绿灌木，高 1.5~2.5 m；分枝稀疏，幼枝密生淡棕色扁平伏毛；叶纸质，二型，椭圆形至椭圆状披针形或矩圆状倒披针形；花梗密生稍展开的红棕色扁平毛，花冠宽漏斗状，宽卵形，蔷薇紫色，有深紫色斑点；花期 4~5 月，果期 9~10 月。

生境与分布：我国多地有栽培。

主要用途：观赏植物。

杜鹃 *Rhododendron simsii*

科属 杜鹃花科杜鹃属

别名 红杜鹃、映山红、清明花

形态特征：木本植物，灌木或乔木。叶革质，少有纸质，互生，全缘或有锯齿；花单生或组成总状、圆锥状或伞形总状花序，两性；具苞片；花萼4~5裂；花瓣合生成钟状，稀离生，花冠通常5裂；蒴果或浆果；花期4~5月，果期6~8月。

生境与分布：分布于全国各地，主产地在西南部山区。

主要用途：为著名的园林观赏植物。

报春花科 Primulaceae

仙客来 *Cyclamen persicum*

科属 报春花科仙客来属

别名 一品冠、兔子花、萝卜海棠

形态特征：多年生草本。叶和花葶同时自块茎顶部抽出；叶片心状卵圆形，先端稍锐尖，边缘有细圆齿；花萼通常分裂达基部；花冠白色或玫瑰红色，喉部深紫色，筒部近半球形，裂片长圆状披针形，剧烈反折；花期10月至翌年4月。

生境与分布：原产于地中海一带，现世界各地广为栽培。

主要用途：盆栽观赏。

泽珍珠菜 *Lysimachia candida*

科属 报春花科珍珠菜属

别名 白水花、水硼砂、星宿菜

形态特征：多年生草本，全体无毛。高15~40 cm，基部常常带有红色；基生叶匙形；总状花序顶生于茎和枝端；苞片狭披针形或线形，具黑色腺点；花冠白色，筒状钟形；蒴果球形，直径约 3 mm；花期 3~6 月，果期 4~7 月。

生境与分布：生于山坡潮湿处及水田边，产于昆仑山。广布于广东至长江流域各地区。

主要用途：全草入药，具有清热解毒、消肿散结之功效，主治跌打损伤及毒蛇咬伤。适宜于作地被材料、水景材料或盆栽应用。

过路黄 *Lysimachia christiniae*

科属 报春花科珍珠菜属

别名 金钱草、真金草、走游草

形态特征：茎柔弱，平卧延伸，长20~60 cm。叶对生，卵圆形、近圆形以至肾形；花单生叶腋；花梗长 1~5 cm；花冠黄色，长 7~15 mm；蒴果球形，直径 4~5 mm；花期 5~7 月，果期 7~10 月。

生境与分布：生于沟边、路旁阴湿处和山坡林下，垂直分布上限可达海拔2300 m。产于我国大部分地区。

主要用途：有清热解毒、利尿排石之功效，主治胆囊炎、黄疸性肝炎、泌尿系统结石、肝（胆）结石、跌打损伤、毒蛇咬伤、毒蕈及药物中毒，外用可治化脓性炎症、烧烫伤。

矮桃 *Lysimachia clethroides*

科属 报春花科珍珠菜属

别名 珍珠草、调经草、尾脊草

形态特征：多年生草本，茎直立，高40~100 cm，圆柱形。叶互生，长椭圆形或阔披针形；总状花序顶生；花梗长4~6 mm；花萼长2.5~3 mm；花冠白色，长5~6 mm；雄蕊内藏；蒴果近球形，直径2.5~3 mm；花期5~7月，果期7~10月。

生境与分布：生长于海拔2500 m的地区，常生长在山坡林缘、草丛中和湿润处。分布于我国大部分地区。

主要用途：全草入药，有活血调经、解毒消肿的功效。嫩叶可食或作猪饲料。

金爪儿 *Lysimachia grammica*

科属 报春花科珍珠菜属

别名 背花、大过路黄、莲花对坐草

形态特征：多年丛生草本，茎簇生，直立，高13~35 cm。叶呈卵形至三角状卵形，长1.3~3.5 cm，宽8~25mm；具狭翅；花单生于茎上部叶腋；花冠黄色；子房被毛；蒴果近球形，淡褐色，直径约4 mm；花期4~5月，果期5~9月。

生境与分布：生于山脚路旁、疏林下等阴湿处。产于陕西（南部）、河南、湖北、江西、安徽、江苏、浙江。

主要用途：具理气活血、利尿、拔毒的功效，主治小儿盘肠气痛、痈肿疮毒、毒蛇咬伤、跌打创伤。可作观赏。

黑腺珍珠菜
Lysimachia heterogenea

科属 报春花科珍珠菜属

别名 满天星

形态特征：基生叶片匙形，长 1~6 cm，宽 0.6~3.8 cm，先端圆钝，基部下延成翼柄。茎生叶对生，无柄；叶片披针形或线状披针形；总状花序生于茎端和枝端，长 8~13 cm；花冠白色，5 分裂；蒴果球形；种子黑紫色；花期 5~7 月，果期 8~10 月。

生境与分布：生于沟边湿地草丛中、路边湿草甸、山谷、山坡林缘、湿地、田边，海拔 230~1000 m。产于湖北、湖南、广东、江西、河南、安徽、江苏、浙江、福建。

主要用途：全草入药，可作活血药、解蛇毒药。

假婆婆纳
Stimpsonia chamaedryoides

科属 报春花科假婆婆纳属

别名 施丁草、小白喇叭

形态特征：一年生草本，全体被多细胞腺毛。基生叶椭圆形至阔卵形；茎叶互生，卵形至近圆形；花单生于茎上部苞片状的叶腋，成总状花序状；花冠白色，筒部长约 2.5 mm；蒴果球形；花期 4~5 月，果期 6~7 月。

生境与分布：生于丘陵和低山草坡和林缘。产于广西、广东、湖南、江西、安徽、江苏、浙江、福建、台湾。

主要用途：全草入药，有活血、消肿止痛的功效。

柿树科 Ebenaceae

柿树 *Diospyros kaki*

科属 柿树科柿属

别名 山柿、柿把、柿饼树

形态特征：落叶大乔木，通常高达 14 m 以上。叶卵状椭圆形至倒卵形或近圆形；花雌雄异株，花序腋生，为聚伞花序；雄花花萼钟状；花冠钟状，黄白色；雌花单生叶腋，花萼绿色，萼管近球状钟形；花冠淡黄色；浆果，呈橙红色或大红色等；花期 5~6 月，果期 9~10 月。

生境与分布：原产于我国长江流域，现多地有栽培。

主要用途：有清热去燥、润肺化痰、软坚、止渴生津、健脾、治痢、止血等功效，可以缓解大便干结、痔疮疼痛（出血）、干咳、喉痛、高血压等症。浆果可食用。

山矾科 Symplocaceae

华山矾 *Symplocos chinensis*

科属 山矾科山矾属

别名 米碎花木、水泡木、糯米树

形态特征：灌木，嫩枝、叶柄、叶背均被灰黄色皱曲柔毛，叶纸质。圆锥花序顶生或腋生；花冠白色，芳香；雄蕊 50~60，花丝基部合生成五体雄蕊；子房 2 室；核果；花期 4~5 月，果期 8~9 月。

生境与分布：生于海拔 1000 m 以下的丘陵、山坡、杂林中。产于浙江、福建、台湾、安徽、江西、湖南、广东、广西、云南、贵州、四川等省区。

主要用途：根药用可治疟疾、急性肾炎。叶捣烂，外敷可治疮疡、跌打损伤。叶研成末，可治烧伤、烫伤及外伤出血。取叶鲜汁，冲酒内服可治蛇伤。种子油可制肥皂。

安息香科 Styracaceae

秤锤树 *Sinojackia xylocarpa*

科属 安息香科秤锤树属

别名 克木、捷克木、秤砣树

形态特征：乔木，高达 7 m。叶纸质，倒卵形或椭圆形，边缘具硬质锯齿；总状聚伞花序生于侧枝顶端，有花3~5朵；萼管倒圆锥形，外面密被星状短柔毛；雄蕊 10~14，花丝联合成短管；果实卵形，红褐色，秋季叶落后宿存的悬挂果实，宛如秤锤一样；花期 3~4 月，果期 7~9 月。

生境与分布：秤锤树为北亚热带树种，喜光，不耐干旱瘠薄，生于海拔 300~400 m 的丘陵山地。分布于湖北、江苏等地。

主要用途：秤锤树有较高的观赏价值。秤锤树为中国特产，国家二级重点保护野生植物，对研究安息香科的系统发育具有重要的科学意义。

赛山梅 *Styrax confusus*

科属 安息香科安息香属

别名 白扣子、油榨果、猛骨子

形态特征：小乔木，高 2~8 m。叶椭圆形、长圆状椭圆形或倒卵状椭圆形；总状花序顶生，花序梗、花梗和小苞片均密被灰黄色星状柔毛；花白色；果实近球形或倒卵形；花期 4~6 月，果期 9~11 月。

生境与分布：生于海拔 100~1700 m 的丘陵、山地疏林中。产于四川、广西、广东、湖南、湖北、安徽、江苏、江西、浙江、福建等省区。

主要用途：种子油供制润滑油、肥皂和油墨等。可作观赏植物。

木犀科 Oleaceae

野迎春 *Jasminum mesnyi*

科属 木犀科素馨属

别名 黄馨、云南黄馨、迎春柳花

形态特征：常绿亚灌木，枝下垂呈蔓状，平滑，略四棱。叶对生，三出复叶，叶缘略反卷；花单生于叶腋，苞片叶状，花萼钟形，花冠黄色，漏斗状，花冠径4~4.5 cm，花冠裂片倒卵状匙形，栽培种常为重瓣；果椭圆形；花期 4 月。

生境与分布：产于四川（西南部）、贵州、云南。我国各地均有栽培。

主要用途：为观赏花卉植物。

女贞 *Ligustrum lucidum*

科属 木犀科女贞属

别名 冬青、蜡树、桢木

形态特征：灌木或乔木，高可达 25 m。叶宽卵形至卵状披针形；圆锥花序顶生；花序基部苞片常与叶同型，小苞片披针形或线形；花萼无毛，齿不明显或近截形；果肾形或近肾形，成熟时呈红黑色，被白粉；花期 5~7 月，果期 7 月至翌年 5 月。

生境与分布：原产于欧洲、亚洲、地中海地区，以及澳大利亚。

主要用途：可治疗肝肾阴虚、头昏目眩、遗精耳鸣、腰膝酸软、须发早白、老年人大便虚秘、冠心病、高脂血症、高血压、慢性肝炎等疾病。为观赏树种。

木犀 *Osmanthus fragrans*

科属 木犀科木犀属

别名 桂花、九里香、金粟

形态特征：常绿乔木或灌木，高 3~5 m，最高可达 18 m。叶片革质；聚伞花序簇生于叶腋，或近于帚状；花极芳香；花冠黄白色、淡黄色、黄色或橘红色，4 裂；果呈紫黑色；花期 9~10 月上旬，果期翌年 3 月。

生境与分布：原产于我国西南喜马拉雅山东段。现广泛栽种于淮河流域及以南地区。

主要用途：花可用于牙痛、咳喘痰多、经闭腹痛。果可用于虚寒胃痛。根可用于风湿筋骨疼痛、腰痛、肾虚牙痛。花芳香，可提取芳香油，制桂花浸膏，还可用于食品、化妆品，并可酿酒。亦是观赏植物。

丹桂
Osmanthus fragrans cv. 'Aurantiacus'

科属 木犀科木犀属

别名 金桂、金木犀

形态特征：常绿乔木或灌木，高 3~5 m，最高可达 18 m。叶片革质，椭圆形、披针形；聚伞花序簇生于叶腋，或近于帚状，每腋内有花多朵；花极芳香；花冠黄白色、淡黄色、黄色或橘红色；果歪斜，椭圆形，呈紫黑色；花期 9~10 月上旬，果期翌年 3 月。

生境与分布：原产于我国西南部。现各地广泛栽培。

主要用途：花为名贵香料，并可作食品香料。

马钱科 Loganiaceae

醉鱼草 *Buddleja lindleyana*

科属 马钱科醉鱼草属

别名 闭鱼花、痒见消、鱼尾草

形态特征：灌木，高 1~3 m。叶对生，膜质，卵形、椭圆形至长圆状披针形；穗状聚伞花序顶生；苞片线形；花紫色，芳香；花萼钟状，花冠管弯曲；果序穗状，蒴果长圆状或椭圆状，基部常有宿存花萼；花期 4~10 月，果期 8 月至翌年 4 月。

生境与分布：生于海拔 200~2700 m 的山地路旁、河边灌木丛中或林缘。产于江苏、安徽、浙江、江西、福建、湖北、湖南、广东、广西、四川、贵州和云南等省区。

主要用途：有祛风、杀虫、活血的功效，主治流行性感冒、咳嗽、哮喘、风湿关节痛、蛔虫病、钩虫病、跌打损伤、外伤出血、痄腮、瘰疬。花芳香而美丽，为常见观赏植物。

睡菜科 Menyanthaceae

金银莲花 *Nymphoides indica*

科属 睡菜科荇菜属

别名 白花莕菜、印度荇菜、水荷叶

形态特征：多年生水生草本。茎圆柱形，顶生单叶；叶近革质，宽卵圆形或近圆形，下面密生腺体，基部心形，全缘，具不甚明显的掌状叶脉；花簇生节上，5 数；花冠白色，基部黄色，具 5 束长柔毛；雄蕊着生于冠筒上，花药箭形；子房圆锥形，2 裂；蒴果椭圆形；花果期 8~10 月。

生境与分布：常生于海拔 50~1530 m 的淡水中。广布于世界热带至温带。

主要用途：可用于观赏。

荇菜 *Nymphoides peltata*

科属 睡菜科荇菜属

别名 莕菜、大浮萍、黄花莕菜、黄莲花

形态特征：多年生水生草本。茎圆柱形，多分枝，节下生根；上部叶对生，下部叶互生，叶片飘浮，近革质，圆形或卵圆形，基部心形，全缘；花常多数，簇生于节上，5 数；花梗圆柱形；花冠金黄色；蒴果；花果期 4~10 月。

生境与分布：生于池塘或不甚流动的河溪中，海拔 60~1800 m。产于我国绝大多数省区。

主要用途：有清热、利尿、消肿、解毒的功效，主治寒热、热淋、痈肿、火丹，外用可治毒蛇咬伤。为观赏水生植物。

夹竹桃科 Apocynaceae

长春花 *Catharanthus roseus*

科属 夹竹桃科长春花属

别名 雁来红、日日草、日日新

形态特征：半灌木，高达 60 cm，有水液。叶膜质，倒卵状长圆形；聚伞花序腋生或顶生，有花 2~3 朵；花萼 5 深裂，花冠红色，高脚碟状，花冠筒圆筒状；雄蕊着生于花冠筒的上半部，与柱头离生；蓇葖双生，直立；花期、果期几乎全年。

生境与分布：原产于地中海沿岸、热带美洲以及印度。我国主要在长江以南地区栽培。

主要用途：有凉血降压、镇静安神的功效，主治高血压、火烫伤、恶性淋巴瘤、绒毛膜上皮癌、单核细胞性白血病。可作为观赏植物。

夹竹桃 *Nerium oleander*

科属 夹竹桃科夹竹桃属

别名 红花夹竹桃、柳叶桃树、洋桃

形态特征：常绿直立大灌木，高达 5 m。叶 3~4 枚轮生，下枝为对生，窄披针形；聚伞花序顶生；花芳香；花萼 5 深裂，红色，披针形；花冠深红色或粉红色，栽培演变有白色或黄色；蓇葖果；花期几乎全年，夏秋为最盛；果期一般在冬春季，栽培种很少结果。

生境与分布：全国各省区均有栽培。

主要用途：有强心利尿、祛痰定喘、镇痛、祛瘀的功效。花大、艳丽、花期长，常作观赏。种子含油量约为 58.5%，可榨油供制润滑油。

络石 *Trachelospermum jasminoides*

科属 夹竹桃科络石属

别名 石龙藤、万字花、万字茉莉

形态特征：常绿木质藤本，长达 10 m，具乳汁。叶革质；二歧聚伞花序；花白色，芳香；花萼 5 深裂，裂片线状披针形，基部具 10 枚鳞片状腺体；花冠筒圆筒形；雄蕊着生在花冠筒中部；蓇葖双生；花期 3~7 月，果期 7~12 月。

生境与分布：生于山野、溪边、路旁、林缘或杂木林中，常缠绕于树上或攀缘于墙壁、岩石上。

主要用途：有祛风活络、利关节、止血、止痛消肿、清热解毒之功效，主治关节炎、肌肉痹痛、跌打损伤、产后腹痛等。乳汁有毒，对心脏有毒害作用。栽于园圃，可供观赏。

蔓长春花 *Vinca major*

科属 夹竹桃科蔓长春花属

别名 攀缠长春花、长春蔓、蔓长春

形态特征：蔓性半灌木。除叶缘、叶柄、花萼及花冠喉部有毛外，其余均无毛；叶椭圆形；花单朵腋生；花萼裂片狭披针形；花冠蓝色，花冠筒漏斗状；雄蕊着生于花冠筒中部之下，花药的顶端有毛；蓇葖长约 5 cm；花期 3~5 月。

生境与分布：原产于欧洲。我国江苏、浙江和台湾等省有栽培。

主要用途：茎叶有清热解毒的功效。为园林绿化树种。

萝藦科 Asclepiadaceae

萝藦 *Metaplexis japonica*

科属 萝藦科萝藦属

别名 婆婆针落线包、羊角、老鸹瓢

形态特征：多年生草质藤本，长达 8 m，茎圆柱状。叶膜质，叶柄顶端具丛生腺体；总状式聚伞花序；花通常 13~15 朵；花冠白色，有淡紫红色斑纹，近辐状；子房无毛，柱头顶端 2 裂；种子有膜质边缘，褐色；花期 7~8 月，果期 9~12 月。

生境与分布：生长于林边荒地、山脚、河边、路旁灌木丛中。分布于我国大部分地区。

主要用途：全草入药，有强壮、行气活血、消肿解毒的功效。主治肾虚遗精、乳汁不足、白带、痰喘咳嗽、百日咳、小儿疳积。外用可治疮疖肿毒、虫蛇咬伤（如五步蛇咬伤）。

七层楼 *Tylophora floribunda*

科属 萝藦科娃儿藤属

别名 白龙须、大龙须草、地参

形态特征：多年生缠绕藤本；全株无毛；茎纤细，分枝多。叶卵状披针形，顶端渐尖或急尖，基部心形，密被小乳头状凸起；聚伞花序，腋生或腋外生，比叶长；花淡紫红色；花萼裂片长圆状披针形；蓇葖双生；花期 5~9 月，果期 8~12 月。

生境与分布：生长于海拔 500 m 以下阳光充足的灌木丛中或疏林中。产于江苏、浙江、福建、江西、湖南、广东、广西和贵州等省区。

主要用途：有祛风化痰、通经散瘀的功效，主治小儿惊风、白喉、咳嗽痰喘、月经不调、毒蛇咬伤、跌打损伤。

旋花科 Convolvulaceae

旋花 *Calystegia sepium*

科属 旋花科打碗花属

别名 无

形态特征：多年生草本，全株无毛。茎缠绕，有棱，多分枝；叶片 3 裂，呈椭圆状箭形或戟形；花生于叶腋，单一；花冠大，漏斗形，淡红色；雌蕊 5；雌蕊比雄蕊长；蒴果球形；花期 5~7 月，果期 7~8 月。

生境与分布：生于海拔 140~2600 m 的路旁、溪边草丛、农田边及山坡林缘。分布于我国东北、河北、宁夏、江苏、河南等省区。

主要用途：有利小便、续筋骨、合刀伤、治丹毒、补劳损、益精气等功效。

金灯藤 *Cuscuta japonica*

科属 旋花科菟丝子属

别名 日本菟丝子

形态特征：一年生寄生缠绕草本，茎较粗壮，无叶。花无柄或几无柄，形成穗状花序；花萼碗状，裂片卵圆形或近圆形；花冠钟状，淡红色或绿白色，裂片卵状三角形；雄蕊 5，着生于花冠喉部裂片之间，花药卵圆形，黄色；蒴果卵圆形；花期 8 月，果期 9 月。

生境与分布：寄生于草本或灌木上。分布于我国南北各省区。

主要用途：有清热、凉血、利水、解毒的功效，主治吐血、衄血、便血、血崩、淋浊、带下病、痢疾、黄疸、痈疽、疔疮、热毒痱疹。

马蹄金 *Dichondra micrantha*

科属 旋花科马蹄金属

别名 半边莲、积雪草、马蹄黄

形态特征：多年生匍匐小草本。叶肾形至圆形，全缘；花单生于叶腋；萼片倒卵状长圆形至匙形，背面及边缘被毛；花冠钟状，黄色；雄蕊 5；子房 2 室，花柱 2；蒴果近球形。

生境与分布：生于海拔 1300~1980 m 的山坡草地、路旁或沟边。我国长江以南各省及台湾省均有分布。

主要用途：全草供药用，有清热利尿、祛风止痛、止血生肌、消炎解毒、杀虫之功效，主治急慢性肝炎、黄疸型肝炎、胆囊炎、肾炎、泌尿系统感染、扁桃体炎、口腔炎、痈疖疔毒、毒蛇咬伤、乳痈、痢疾、疟疾、肺出血等。

蕹菜 *Ipomoea aquatica*

科属 旋花科番薯属

别名 竹叶菜、空心菜、藤藤菜

形态特征：一年生草本，蔓生或漂浮于水。叶片形状、大小有变化，卵形、长卵形、长卵状披针形或披针形；聚伞花序腋生，具 1~3(5) 朵花；花冠白色、淡红色或紫红色，漏斗状；雄蕊不等长；子房圆锥状；蒴果卵球形至球形。

生境与分布：我国中部及南部各省常见栽培，北方比较少。

主要用途：有清热解毒、利尿、止血功效，主治食物中毒，黄藤、钩吻、砒霜、野菇中毒，小便不利，尿血，鼻衄，咯血，外用可治疮疡肿毒。可供蔬菜食用，也是一种比较好的饲料。

裂叶牵牛 *Ipomoea hederacea*

科属 旋花科番薯属

别名 喇叭花子、黑丑、白丑

形态特征：叶互生，叶片宽卵形或近圆形，深或浅 3 裂。花腋生，苞片 2，萼片 5，狭披针形；花冠漏斗状，长 5~10 cm，蓝紫色或紫红色；雄蕊 5；雌蕊 1；蒴果近球形，3 瓣裂；花期 7~9 月，果期 8~10 月。

生境与分布：生于山野灌丛中、村边、路旁。全国各地均有分布。

主要用途：有泻水通便、消痰涤饮、杀虫攻积的功效，主治水肿胀满、二便不通、痰饮积聚、气逆喘咳、虫积腹痛、蛔虫病、绦虫病。

圆叶牵牛 *Ipomoea purpurea*

科属 旋花科番薯属

别名 紫花牵牛、喇叭花、毛牵牛、牵牛花

形态特征：一年生缠绕草本。叶圆心形或宽卵状心形，通常全缘，偶有3裂，两面疏或密被刚伏毛；花腋生，单一或2~5朵着生于花序梗顶端成伞形聚伞花序；花冠漏斗状，紫红色、红色或白色，花冠管通常白色；蒴果近球形，3瓣裂。

生境与分布：生于平地以至海拔2800 m的田边、路边、宅旁或山谷林内，我国大部分地区有分布。

主要用途：种子有药用价值，能泻水下气、消肿杀虫，主治水肿、尿闭等症。可作盆景。

茑萝 *Ipomoea quamoclit*

科属 旋花科番薯属

别名 密萝松、五角星花、狮子草

形态特征：一年生草本，蔓生茎，4~5 m。叶卵形或长圆形，单叶互生；花序腋生，聚伞花序；萼片绿色，椭圆形至长圆状匙形；花冠高脚碟状，深红色；小花五角星状，颜色深红，也有白色；蒴果卵形；花期从7月上旬至9月下旬。

生境与分布：我国广泛栽培。原产于热带美洲，现广布于全球温带及热带。

主要用途：全株均可入药，有清热、解毒、消肿的功效。为美丽的庭园观赏植物。

三裂叶薯 *Ipomoea triloba*

科属 旋花科番薯属

别名 小花假番薯、红花野牵牛、三裂叶牵牛

形态特征：草本，茎缠绕或有时平卧，无毛或散生毛，且主要在节上。叶宽卵形至圆形；花序腋生，花序梗短于或长于叶柄；花冠漏斗状，淡红色或淡紫红色；蒴果近球形，具花柱基形成的细尖，被细刚毛，2 室，4 瓣裂。

生境与分布：生于丘陵路旁、荒草地或田野，产于我国广东及其沿海岛屿、台湾高雄。本种原产于热带美洲。

主要用途：现已逸生为热带地区的杂草。

紫草科 Boraginaceae

柔弱斑种草 *Bothriospermum zeylanicum*

科属 紫草科斑种草属

别名 细累子草、细叠子草、细茎斑种草

形态特征：一年生草本，高 15~30 cm。叶椭圆形或狭椭圆形；花序柔弱，细长；花梗短；花冠蓝色或淡蓝色，裂片圆形；花柱圆柱形；小坚果肾形，腹面具纵椭圆形的环状凹陷；花果期 2~10 月。

生境与分布：生于海拔 300~1900 m 的山坡路边、田间草丛、山坡草地及溪边阴湿处。分布于我国大部分地区。

主要用途：全草具药用价值，能止咳，治吐血。为夏熟作物田杂草。

聚合草 *Symphytum officinale*

科属 紫草科聚合草属

别名 爱国草、肥羊草、紫根草

形态特征：丛生型多年生草本，高 30~90 cm。茎数条，直立或斜升，有分枝；叶片带状披针形、卵状披针形至卵形，稍肉质；花序含多数花；花冠长 14~15 mm，淡紫色、紫红色至黄白色，裂片三角形；小坚果，黑色；花期5~10月。

生境与分布：生于山林地带，为典型的中生植物，原产于俄罗斯欧洲部分及高加索地区。我国广泛栽培。

主要用途：茎叶可作家畜禽饲料。为观赏植物。

附地菜 *Trigonotis peduncularis*

科属 紫草科附地菜属

别名 地胡椒

形态特征：一年生或二年生草本，茎通常多条丛生，铺散，高 5~30 cm。基生叶呈莲座状，有叶柄，叶片匙形，茎上部叶长圆形或椭圆形；花序生于茎顶；花冠淡蓝色或粉色；花药卵形；小坚果4，斜三棱锥状四面体形；早春开花，花期甚长。

生境与分布：生于田野、路旁、荒草地或丘陵林缘、灌木林间。产于西藏、云南、广西（北部）、江西、福建、新疆、甘肃、内蒙古、东北等省区。

主要用途：全草入药，有温中健胃、消肿止痛、止血的功效，主治跌打损伤、骨折。嫩叶可供食用。花美观可用以点缀花园。

马鞭草科 Verbenaceae

兰香草 *Caryopteris incana*

科属 马鞭草科莸属

别名 婆绒花、山薄荷、野薄荷

形态特征：直立小灌木，高 25~60 cm，密被微毛。叶对生，具短柄，卵形或卵状矩圆形，被短毛，两面均有黄色腺点；聚伞花序腋生及顶生，花密集；花萼 5 裂，杯状；花冠紫色或淡蓝色，二唇形；雄蕊 4，开花时与花柱均伸出花冠管外；蒴果被粗毛；果瓣具宽翅；花果期 6~10 月。

生境与分布：生于山野。分布于陕西、甘肃、四川、湖北、湖南、浙江、广东、广西等地。

主要用途：全草入药，具有疏风解表、祛寒除湿、散瘀止痛之功效；主治风寒感冒、头痛、咳嗽、脘腹冷痛、伤食吐泻、寒瘀痛经、产后瘀滞腹痛、风寒湿痹、跌打瘀肿、服疽不消、湿疹、蛇伤等。

臭牡丹 *Clerodendrum bungei*

科属 马鞭草科大青属

别名 大红袍、臭梧桐、臭八宝

形态特征：灌木，高 1~2 m，植株有臭味。叶片纸质，宽卵形或卵形；伞房状聚伞花序顶生，密集；苞片叶状，披针形或卵状披针形；花冠淡红色、红色或紫红色；雄蕊及花柱均突出花冠外；柱头 2 裂，子房 4 室；核果近球形，成熟时蓝黑色；花果期 5~11 月。

生境与分布：生于海拔 2500 m 以下的山坡、林缘、沟谷、路旁、灌丛湿润处。产于我国大部分地区。

主要用途：中药中的臭牡丹一味即来自臭牡丹的根、茎、叶，具有祛风解毒、消肿止痛之功效。臭牡丹叶色浓绿，可用于布置花境、庭园。

马缨丹 *Lantana camara*

科属 马鞭草科马缨丹属

别名 五色梅、臭草、五彩花、七变花

形态特征：直立或蔓生灌木，高 1~2 m。茎枝均呈四方形，通常有短的倒钩状刺；单叶对生，叶片卵形至卵状长圆形；花序直径 1.5~2.5 cm；苞片披针形，外部有粗毛；花萼管状，膜质；花冠黄色或橙黄色，花冠管长约 1 cm；果圆球形，成熟时紫黑色；全年开花。

生境与分布：常生长于海拔 80~1500 m 的海边沙滩和空旷地区。原产于美洲热带地区，现在我国台湾、福建、广东、广西见有逸生。

主要用途：可入药，有清凉解热、活血止血的功效。主治肺痨吐血、伤暑头痛、腹痛吐泻、阴痒、湿疹、跌打损伤。花美丽，常栽培供观赏。

过江藤 *Phyla nodiflora*

科属 马鞭草科过江藤属

别名 苦舌草、水马齿苋、鸭脚板

形态特征：多年生草本。叶近无柄，匙形、倒卵形至倒披针形，顶端钝或近圆形，基部狭楔形；穗状花序腋生，卵形或圆柱形；花冠白色、粉红色至紫红色，内外无毛；果淡黄色，内藏于膜质的花萼内；花果期 6~10 月。

生境与分布：常生长于海拔 300~ 2300 m 的山坡、平地、河滩等湿润的地方。全世界的热带和亚热带地区均有分布。

主要用途：全草入药，有清热解毒、散瘀消肿的功效，主治咳嗽、吐血、通淋、痢疾、急性扁桃体炎、牙痛、痈疽疖毒、枕痛、带状疱疹及跌打损伤等症。

豆腐柴 *Premna microphylla*

科属 马鞭草科豆腐柴属

别名 臭黄荆、豆腐木、臭茶

形态特征：直立灌木，植被高 2~6 m。单叶对生，叶片卵状披针形、倒卵形、椭圆形，有臭味；聚伞花序组成塔形的圆锥花序，顶生；花萼杯状，绿色或有时带紫色，5 浅裂；花冠淡黄色，呈二唇形，裂片 4；雄蕊 4，2 长 2 短；核果球形至倒卵形，紫色；花期 5~6 月，果期 6~10 月。

生境与分布：生于山坡林下或林缘。产于我国华东、中南、华南以至四川、贵州等地。

主要用途：有清热解毒、消肿止血的功效，主治毒蛇咬伤、无名肿毒、创伤出血。

马鞭草 *Verbena officinalis*

科属 马鞭草科马鞭草属

别名 野荆芥、龙牙草、蜻蜓草

形态特征：多年生草本，高 30~120 cm，茎四方形。叶片卵圆形至倒卵形或长圆状披针形，茎生叶多数 3 深裂；穗状花序；花萼有硬毛；花冠淡紫至蓝色，外面有微毛，裂片 5；雄蕊 4；果长圆形，成熟时 4 瓣裂；花期 6~8 月，果期 7~10 月。

生境与分布：常生长在低至高海拔的路边、山坡、溪边或林旁。全世界的温带至热带地区均有分布。

主要用途：全草供药用，有凉血、散瘀、通经、清热、解毒、止痒、驱虫、消胀的功效。主治疟疾、白喉、传染性肝炎、流行性感冒等。

黄荆 *Vitex negundo*

科属 马鞭草科牡荆属

别名 五指柑、五指风、布荆

形态分布：灌木或小乔木，小枝四棱形，密生灰白色茸毛。掌状复叶，小叶5，少有3；聚伞花序排成圆锥花序式，顶生，长10~27 cm，花序梗密生灰白色绒毛；花冠淡紫色，顶端5裂，二唇形；核果近球形；花期4~6月，果期7~10月。

生境与分布：生于山坡路旁或灌木丛中。主要产于我国长江以南各省，北达秦岭淮河。

主要用途：有清热止咳、化痰、截疟的功效，主治支气管炎、疟疾、肝炎。茎皮可造纸及制人造棉，花和枝叶可提取芳香油。

牡荆 *Vitex negundo* var. *cannabifolia*

科属 马鞭草科牡荆属

别名 午时草、土柴胡、蚊子柴

形态特征：落叶灌木或小乔木，高至5 m，有香味。叶对生，3~5枚小叶组成掌状复叶小叶，边缘有锯齿；圆锥状花序顶生；花萼钟形，顶端有5齿裂；花冠淡紫色，上唇2裂，下唇3裂；雄蕊4，2强；浆果黑色；花果期7~11月。

生境与分布：喜光，耐阴，耐寒。分布在我国中南、华北等地荒山丘陵地带。

主要用途：根、茎、叶和果实入药，主治赤白带下、小肠疝气、湿痰白浊、耳聋、九窍出血、小便尿血、腰脚风湿、灼疮发热、风牙痛、青盲内障等。

唇形科 Lamiaceae

藿香 *Agastache rugosa*

科属 唇形科藿香属

别名 白薄荷、薄荷、川藿香

形态特征：多年生草本。茎直立，高 0.5~1.5 m，四棱形；叶心状卵形至长圆状披针形，被微柔毛及点状腺体；轮伞花序多花，在主茎或侧枝上组成顶生密集的圆筒形穗状花序；花冠淡紫蓝色，冠檐二唇形；成熟小坚果卵状长圆形，腹面具棱。花期 6~9 月，果期 9~11 月。

生境与分布：喜欢生长在湿润、多雨的环境。我国各地广泛分布。

主要用途：茎叶可入药，具有芳香化湿、发表解暑、和胃止呕、快气和中、健胃祛湿等功效。主治头痛发热、风寒感冒、胸闷腹胀、胃寒疼痛、呕吐、泻痢、口臭等症。藿香的嫩茎叶可食用，为野味之佳品。

金疮小草 *Ajuga decumbens*

科属 唇形科筋骨草属

别名 青鱼胆、苦草、白花夏枯草

形态特征：一年或二年生草本，具匍匐茎，茎长 10~20 cm。基生叶较多；叶片薄纸质，匙形或倒卵状披针形；轮伞花序多花；花冠淡蓝色或淡红紫色，筒状，冠檐二唇形；雄蕊 4，2 强；小坚果倒卵状三棱形。花期 3~7 月，果期 5~11 月。

生境与分布：生于溪边、路旁及湿润的草坡上，海拔 360~1400 m。产于我国长江以南各省区。

主要用途：全草入药，主治痈疽疔疮、火眼、乳痈、鼻衄、咽喉炎、肠胃炎、急性结膜炎、烫伤、犬咬伤、毒蛇咬伤以及外伤出血等症。

细风轮菜 *Clinopodium gracile*

科属 唇形科风轮菜属

别名 细密草、野凉粉草、臭草

形态特征：纤细草本，高 8~30 cm。最下部的叶圆卵形，上部叶及苞叶卵状披针形，边缘具锯齿；轮伞花序分离，或密集于茎端成短总状花序；花冠白至紫色；冠檐二唇形，上唇直伸；雄蕊 4；小坚果卵球形。花期 6~8 月，果期 8~10 月。

生境与分布：生于路旁、沟边、空旷草地、林缘、灌丛中，海拔可达 2400 m。产于江苏、浙江、福建、台湾、安徽、云南、四川、湖北及陕西（南部）。

主要用途：全草入药，主治感冒头痛、中暑腹痛、痢疾、乳腺炎、痈疽肿毒、荨麻疹、过敏性皮炎、跌打损伤等症。

活血丹 *Glechoma longituba*

科属 唇形科活血丹属

别名 佛耳草、金钱草、遍地香

形态特征：多年生草本，具匍匐茎。茎高 10~30 cm，四棱形；叶草质，叶片心形或近肾形，边缘具圆齿或粗锯齿状圆齿，被疏粗伏毛或微柔毛；轮伞花序通常具 2 朵花；花冠淡蓝、蓝至紫色，下唇具深色斑点，冠檐二唇形；成熟小坚果深褐色，基部略呈三棱形。花期 4~5 月，果期 5~6 月。

生境与分布：生于林缘、疏林下、草地中、溪边等阴湿处，海拔 50~2000 m。除青海、甘肃、新疆及西藏外，全国各地均有分布。

主要用途：有利湿通淋、清热解毒、散瘀消肿的功效，主治热淋、石淋、湿热黄疸、疮痈肿痛、跌打损伤。

香茶菜
Isodon amethystoides

科属 唇形科香茶菜属

别名 蛇总管、山薄荷、蛇通管

形态特征： 多年生直立草本，茎高 0.3~1.5 m。叶卵状圆形、卵形至披针形，均密被白色或黄色小腺点；花序为由聚伞花序组成的顶生圆锥花序；花冠白、蓝白或紫色，上唇带紫蓝色，冠檐二唇形；小坚果卵形，黄栗色。花期 6~10 月，果期 9~11 月。

生境与分布： 生于林下或草丛中的湿润处，海拔 200~920 m。产于我国广东、广西、贵州、福建、台湾、江西、浙江、江苏、安徽及湖北。

主要用途： 全草入药，有清热解毒、散瘀消肿的功效。主治毒蛇咬伤、跌打肿痛、筋骨酸痛、疮疡。

宝盖草
Lamium amplexicaule

科属 唇形科野芝麻属

别名 接骨草、大灯笼花、灯笼草

形态特征： 一年生或二年生植物。茎高 10~30 cm，基部多分枝，四棱形，具浅槽；叶片均圆形或肾形，半抱茎，边缘具极深的圆齿；轮伞花序具 6~10 朵花，花冠紫红或粉红色，冠筒细长，长约 1.3 cm，冠檐二唇形；小坚果倒卵圆形，具三棱。花期 3~5 月，果期 7~8 月。

生境与分布： 生于路旁、林缘、沼泽草地及住宅旁等地，海拔可高达 4000 m。产于我国大部分地区。

主要用途： 有清热利湿、活血祛风、消肿解毒的功效，主治黄疸型肝炎、淋巴结结核、高血压、面神经麻痹、半身不遂；外用可治跌打伤痛、骨折、黄水疮。

野芝麻 *Lamium barbatum*

科属 唇形科野芝麻属

别名 野藿香、山麦胡、山苏子

形态特征： 多年生植物，茎高达 1 m。茎下部的叶卵圆形或心脏形，茎上部的叶卵圆状披针形；轮伞花序，着生于茎端；苞片狭线形或丝状，锐尖，具缘毛；花冠白或浅黄色，冠檐二唇形；小坚果。花期 4~6 月，果期 7~8 月。

生境与分布： 生于路边、溪旁、田埂及荒坡上，海拔可达 2600 m。产于我国大部分地区。

主要用途： 全草用于跌打损伤、小儿疳积。花用于治疗子宫及泌尿系统疾病、白带及行经困难。

益母草 *Leonurus japonicus*

科属 唇形科益母草属

别名 益母蒿、红花艾

形态特征： 一年或二年生草本，高 0.6~1 m，被微毛。叶对生；叶形多种，叶片略呈圆形，每裂片具 2~3 枚钝齿，基部心形；花多数，生于叶腋，呈轮伞状；苞片针刺状；花冠唇形，淡红色或紫红色；雄蕊 4，2 强；小坚果褐色，三棱状。花期 6~8 月，果期 7~9 月。

生境与分布： 生于山野荒地、田埂、草地、溪边等处。全国大部分地区均有分布。

主要用途： 有活血调经、利尿消肿、清热解毒之功效，主治月经不调、经闭、胎漏难产、胞衣不上、产后血晕、瘀血腹痛、跌打损伤、小便不利、水肿、头肿疮疡。

薄荷 *Mentha canadensis*

科属 唇形科薄荷属

别名 野薄荷、水薄荷、水益母、接骨草

形态特征：多年生草本。茎直立，高30~60 cm，锐四棱形，具四槽；叶片长圆状披针形、披针形、椭圆形或卵状披针形，稀长圆形；轮伞花序腋生，轮廓球形；花冠淡紫，冠檐4裂；雄蕊4；小坚果。花期7~9月，果期10月。

生境与分布：生于水旁潮湿地，海拔可高达3500 m。产于我国南北各地。

主要用途：可缓解腹痛、治疗胆囊疾病如痉挛，还具有防腐杀菌、利尿、化痰、健胃和助消化等功效，主治风热感冒、头痛目赤、咽喉肿痛、麻疹不透、风疹瘙痒、肝郁气滞、胸闷胁痛。薄荷香精可作为食品添加剂。

小鱼荠苎 *Mosla dianthera*

科属 唇形科石荠苎属

别名 斑点荠苎、不脸草、痱子草

形态特征：一年生草本，茎高30~100 cm。叶卵形或卵状披针形；总状花序生于主茎及侧枝上；苞片卵形；花萼钟形，二唇形，上唇3齿呈卵状披针形，下唇2齿，线形；花冠粉红色，冠檐二唇形；雄蕊4；小坚果黄褐色，球形。花期5~11月，果期9~11月。

生境与分布：生于海拔50~1150 m的山坡、路旁或灌丛下。产于我国大部分地区。

主要用途：全草入药，有疏风解表、清暑除温、解毒止痒的功效。主治感冒头痛、咳嗽、中暑、风疹炎、痢疾、痔血、血崩、热痱、湿疹、肢癣、蛇虫咬伤。

少花荠苎
Mosla pauciflora

科属 唇形科石荠苎属

别名 香薷、少花荠宁、少花石荠宁

形态特征：一年生直立草本，茎高（15）20~70 cm。叶披针形至狭披针形；总状花序长 1.2~10 cm，生于主茎上的较长；花萼钟形；花冠紫色，冠檐二唇形；雄蕊 4，药室 2；花盘前方呈指状膨大；小坚果黑褐色。花期 9~10 月，果期 10 月。

生境与分布：生于路旁、林缘或溪畔，海拔 980~1350 m。产于湖北、贵州及四川。

主要用途：全草可用于感冒、咽喉肿痛、中暑、吐泻等。

紫苏 *Perilla frutescens*

科属 唇形科紫苏属

别名 赤苏、红苏、红紫苏、黑苏

形态特征：一年生直立草本。茎高 0.3~2 m；叶阔卵形或圆形；轮伞花序具 2 朵花，组成长 1.5~15 cm，密被长柔毛，偏向一侧的顶生及腋生总状花序，花萼钟形，萼檐二唇形，上唇宽大，3 齿；花冠白色至紫红色，雄蕊 4，小坚果。花期 8~11 月，果期 8~12 月。

生境与分布：适应性很强。我国大部分地区均有野生种和栽培种。

主要用途：有镇痛、镇静、解毒的功效，主治感冒，对因鱼蟹中毒之腹痛呕吐者有卓效；梗有平气安胎之功；籽能镇咳、祛痰、平喘、发散精神之沉闷。

夏枯草 *Prunella vulgaris*

科属 唇形科夏枯草属

别名 夏枯头、麦夏枯、灯笼草

形态特征：多年生草本植物。叶卵状长圆形、狭卵状长圆形或卵圆形，先端钝尖，基部圆形至宽楔形；花为轮伞花序密集组成的顶生假穗状花序；花萼呈钟状，二唇形；花冠紫色、蓝色或红紫色，冠檐二唇形；小坚果。花期 4~6 月，果期 7~10 月。

生境与分布：生长在山沟湿地、河岸两旁湿草丛、荒地、路旁。广泛分布于中国各地，以河南、安徽、江苏、湖南等省为主要产地。

主要用途：带花的果穗有清火、明目、散结、消肿之功效。主治目赤肿痛、目珠夜痛、头痛眩晕、瘰疬、瘿瘤、乳痈肿痛、乳腺增生、高血压。

丹参 *Salvia miltiorrhiza*

科属 唇形科鼠尾草属

别名 郄蝉草、木羊乳、赤参

形态特征：多年生直立草本。茎直立，高 40~80 cm，四棱形，具槽；叶常为奇数羽状复叶；轮伞花序具 6 朵花或多朵花；花萼钟形，带紫色，花二唇形，上唇全缘，三角形；花冠紫蓝色，长 2~2.7 cm；小坚果。花期 4~8 月，花后见果。

生境与分布：生于山坡、林下草丛或溪谷旁，海拔 120~1300 m。产于河北、山西、陕西、山东、河南、江苏、浙江、安徽、江西及湖南，日本也有分布。

主要用途：根入药，含丹参酮，为强壮性通经剂，有祛瘀、生新、活血、调经等功效，为妇科药，主治子宫出血、月经不调、血瘀、腹痛、经痛、经闭。

荔枝草 *Salvia plebeia*

科属 唇形科鼠尾草属

别名 雪见草、癞蛤蟆草、青蛙草

形态特征：一年或二年生草本，高 15~90 cm。叶椭圆状卵圆形或椭圆状披针形；轮伞花序具 2~6 朵花；花萼钟形，外面被疏柔毛，二唇形；花冠淡红、淡紫、紫、蓝紫至蓝色，冠筒外面无毛；小坚果倒卵圆形。花期 4~5 月，果期 6~7 月。

生境与分布：生于山坡、路旁、沟边、田野潮湿的土壤上，海拔可至 2800 m。除新疆、甘肃、青海及西藏外几乎产于全国各地。

主要用途：有清热、解毒、凉血、利尿之功效，用于咽喉肿痛、支气管炎、肾炎水肿、痈肿，外治乳腺炎、痔疮肿痛、出血。

一串红 *Salvia splendens*

科属 唇形科鼠尾草属

别名 西洋红、象牙红、墙下红

形态特征：亚灌木状草本。茎钝四棱形；叶卵圆形或三角状卵圆形；轮伞花序具 2~6 朵花，组成顶生总状花序；花萼钟形，红色，花二唇形，唇裂达花萼长 1/3，上唇三角状卵圆形；花冠红色，冠筒筒状；小坚果椭圆形。花期 3~10 月。

生境与分布：原产于巴西，我国各地有广泛栽培。

主要用途：观赏花卉。

韩信草 *Scutellaria indica*

科属 唇形科黄芩属

别名 耳挖草、烟管草、偏向花

形态特征：多年生草本，全体被毛，高10~37 cm。叶对生；叶片草质至坚纸质，心状卵圆形至椭圆形；花轮有花2朵，集成偏侧的顶生总状花序；花萼钟状；花冠蓝紫色，二唇形；雄蕊2对；小坚果横生，卵形，有小瘤状突起。花期4~5月，果期6~9月。

生境与分布：生长于池沼边、田边或路旁潮湿处。分布于我国大部分地区。

主要用途：有祛风、活血、解毒、止痛、壮筋骨的功效，主治跌打损伤、吐血、咯血、痈肿、疔毒、喉风、牙痛、蛇伤、疮疡、肝火旺、烦躁。

水苏 *Stachys japonica*

科属 唇形科水苏属

别名 鸡苏、血见愁、元宝草、芝麻草

形态特征：多年生草本，高20~80 cm。茎叶长圆状宽披针形；苞叶披针形，无柄，近于全缘；轮伞花序；花萼钟形；花冠粉红或淡红紫色；冠檐二唇形，上唇直立，倒卵圆形；小坚果卵珠状，棕褐色。花期5~7月，果期7月以后。

生境与分布：生于水沟、河岸等湿地上，海拔在230 m以下；产于我国辽宁、内蒙古、河北、河南、山东、江苏、浙江、安徽、江西、福建。

主要用途：民间用全草或根入药，主治百日咳、扁桃体炎、咽喉炎、痢疾等症，根又可治带状疱疹。

茄科 Solanaceae

辣椒 *Capsicum annuum*

科属 茄科辣椒属

别名 牛角椒、番椒、红海椒

形态特征：一年生或有限多年生植物；高40~80 cm。叶互生；花单生，俯垂；花萼杯状；花冠白色，裂片卵形；花药灰紫色；果梗较粗壮，俯垂；果实长指状，成熟后呈红色、橙色或紫红色。花果期 5~11 月。

生境与分布：辣椒原产于拉丁美洲热带地区。现在世界各国普遍栽培。

主要用途：常作蔬菜和调味品。以果实、根和茎枝入药。用于胃寒疼痛、胃肠胀气、消化不良；外用可治冻疮、风湿痛、腰肌痛；根可活血消肿。辣椒素还具有抗炎及抗氧化的作用。

洋金花 *Datura metel*

科属 茄科曼陀罗属

别名 醉心花、狗核桃、紫花曼陀罗

形态特征：草本或半灌木状，高0.5~1.5 m。叶广卵形；花单生于枝叉间或叶腋；花萼筒状，长 4~5 cm；花冠漏斗状，檐部 5 浅裂；雄蕊不伸出花冠；蒴果直立生，卵状，成熟后淡黄色，规则 4 瓣裂。花期 6~10 月，果期 7~11 月。

生境与分布：常生于住宅旁、路边或草地上。中国各省区都有分布。

主要用途：曼陀罗籽浸液有散瞳麻痹作用，误食会导致中毒。

枸杞 *Lycium chinense*

科属 茄科枸杞属

别名 枸杞菜、红珠仔刺、狗奶子

形态特征： 多分枝灌木，高 0.5~1 m。叶纸质或栽培者质稍厚，单叶互生或2~4 枚簇生，卵形、卵状菱形、卵状披针形；花在长枝上单生或双生于叶腋，在短枝上则同叶簇生；花冠漏斗状，淡紫色，5深裂；浆果红色。花果期6~11月。

生境与分布： 常生于山坡、荒地、丘陵地、盐碱地、路旁。分布于我国大部分地区。

主要用途： 果实有补肾益精、养肝明目、补血安神、生津止渴、润肺止咳的功效，主治肝肾阴亏、腰膝酸软、头晕、目眩、目昏多泪、虚劳咳嗽、消渴、遗精。嫩叶可作蔬菜，种子油可制润滑油或食用油。

矮牵牛 *Petunia hybrida*

科属 茄科碧冬茄属

别名 碧冬茄、彩花茄、番薯花

形态特征： 多年生草本，高 20~45 cm。茎匍地生长，被有黏质柔毛；叶互生，上部叶近对生，全缘；花单生，呈漏斗状，重瓣花球形，花为白、紫或各种红色，并镶有其他色边，非常美丽；檐部5钝裂，或有皱褶、卷边、重瓣等型；蒴果。花期 4~10 月。

生境与分布： 原产于南美阿根廷。现世界各地广泛栽培。

主要用途： 观赏花卉。

苦蘵 *Physalis angulata*

科属 茄科酸浆属

别名 灯笼泡、灯笼草

形态特征：一年生草本，高 30~50 cm。茎多分枝；叶片卵形至卵状椭圆形，基部阔楔形或楔形；花冠淡黄色，喉部常有紫色斑纹；花药蓝紫色或黄色；果萼卵球状，直径 1.5~2.5 cm；浆果。花果期 5~12 月。

生境与分布：常生于海拔 500~1500 m 的山谷林下及村边路旁。分布于我国华东、华中、华南及西南。

主要用途：干燥全草入药，有清热解毒、利尿去湿的功效，主治瘀痧发热、感冒、腮腺炎、喉痛、咳嗽、睾丸炎、大疱疮。可作观赏。

白英 *Solanum lyratum*

科属 茄科茄属

别名 山甜菜、蔓茄、北风藤

形态特征：草质藤本，茎及小枝均密被具节长柔毛。叶互生，多数为琴形，叶柄长 1~3 cm；聚伞花序顶生或腋外生；花冠蓝紫色或白色，5 深裂；浆果球状，成熟时红黑色。花期夏秋，果熟期秋末。

生境与分布：喜生于山谷草地或路旁、田边，海拔 600~2800 m。除东北及西北省区外，全国均有分布。

主要用途：全草入药，具有清热利湿、解毒消肿、抗癌之功效，主治感冒发热、黄疸性肝炎、胆囊炎、胆石病、癌症、子宫糜烂、白带、肾炎水肿。

茄 *Solanum melongena*

科属　茄科茄属

别名　茄子、吊菜子、昆仑瓜

形态特征：草本，亚灌木至小乔木，或藤本。叶互生，全缘，波状或作各种分裂，稀为复叶；聚伞花序，或聚伞式圆锥花序；花两性；多半白色，有时为青紫色，稀红紫色或黄色；浆果，黑色、黄色、橙色至红紫色。花果期5~10月。

生境与分布：原产于印度，我国普遍有栽培。

主要用途：可供食用，是夏季主要蔬菜之一。具有清热活血化瘀、利尿消肿的功效，可治肠风下血、热毒疮痛、皮肤溃疡等。

龙葵 *Solanum nigrum*

科属　茄科茄属

别名　天茄子、牛酸浆、龙葵草

形态特征：一年生草本，高 30~60 cm。茎有棱角；叶互生，卵形；叶缘具波状疏锯齿；伞状聚伞花序，每花序有4~10朵花，花白色；萼圆筒形；花冠 5 片；雄蕊 5；浆果球状，成熟时红色或黑色。花果期 9~10 月。

生境与分布：生于田边、路旁或荒地。原产于中国，广泛分布于亚欧大陆。

主要用途：全草药用，有清热解毒、利水消肿的功效，主治感冒发热、牙痛、支气管炎等；龙葵石灰合剂，杀棉蚜虫率达 80%；嫩枝可作猪饲料。全草含龙葵碱、澳洲茄碱等多种生物碱。

珊瑚樱
Solanum pseudocapsicum

科属 茄科茄属

别名 龙葵、四季果、野辣椒

形态特征：直立分枝小灌木，高达 2 m。叶互生，狭长圆形至披针形；花多单生，很少成蝎尾状花序，腋外生或近对叶生；花小，白色；花冠筒隐于萼内，裂片 5；雄蕊 5；浆果橙红色。花期 7~9 月，果期 11 月至翌年 2 月。

生境与分布：性喜阳光。原产于南美洲，我国各地多有栽培。

主要用途：全株及果实有毒，但其根可供药用，有活血止痛的功效，主治腰肌劳损、闪挫扭伤。可作盆栽供观赏。

玄参科 Scrophulariaceae

异叶石龙尾
Limnophila heterophylla

科属 玄参科石龙尾属

别名 异叶石龙美

形态特征：多年生水生草本。气生茎被无柄的腺或柔毛或近于光滑无毛，沉水叶长可达 50 cm，多裂；裂片毛发状；气生叶对生或轮生，矩圆形，基部稍抱茎；花无梗，排列成疏松的顶生穗状花序，或具极短的梗而单生于叶腋；花冠淡紫色；蒴果。花期 7 月。

生境与分布：生于水塘、沟渠中。分布于我国广东、台湾、江西、湖北等省。

主要用途：可作水生生态系统修复植物和观赏植物。

泥花草 *Lindernia antipoda*

科属 玄参科母草属

别名 陌上花、虾子草、田蜈蚣

形态特征：成株株高 10~20 cm。茎匍匐生长；初生叶卵形，全缘；叶片长圆形至长圆状披针形；花和子实单生于叶腋或形成一顶生的总状花序；花萼绿色，裂片深几达基部；花冠淡紫色；蒴果条状披针形。花果期春季至秋季。

生境与分布：分布于我国云南、四川、贵州、广西、广东、湖北、安徽、江西、福建、江苏和台湾等省区。

主要用途：全草有清热、解毒、消肿、祛瘀的功效，主治肺热咳嗽、咽喉痛、蛇咬伤、扭伤等。

母草 *Lindernia crustacea*

科属 玄参科母草属

别名 四方拳草、蛇通管、四方草

形态特征：草本。高 10~20 cm，常铺散成密丛，多分枝；叶片三角状卵形或宽卵形；花单生；花萼坛状；花冠紫色，上唇有时 2 浅裂，下唇 3 裂，中间裂片较大；雄蕊 4，2 强；蒴果椭圆形。花果期全年。

生境与分布：生长于田边、草地、路边等低湿处。热带和亚热带广布。

主要用途：全草可入药，有清热利湿、解毒的功效。主治感冒、急慢性菌痢、肠炎、痈疖疔肿。

宽叶母草 *Lindernia nummularifolia*

科属 玄参科母草属

别名 小地扭、飞疔药

形态特征：一年生草本，高 5~15 cm。茎直立，茎枝多少呈四角形，棱上有伸展的细毛；叶片宽卵形或近圆形；花冠紫色，少有蓝色或白色，上唇直立，卵形，下唇开展，3 裂；雄蕊 4；蒴果长椭圆形。花期 7~9 月，果期 8~11 月。

生境与分布：喜生于海拔 1800 m 以下的田边、沟旁等湿润处。产于我国大部分省区。

主要用途：有凉血止血的功效，主治咯血。

匍茎通泉草 *Mazus miquelii*

科属 玄参科通泉草属

别名 匍匐通泉草、匍苓通泉草

形态特征：多年生草本，高 10~15 cm。茎有直立茎和匍匐茎；基生叶常多数呈莲座状、倒卵状匙形，有长柄；茎生叶在直立茎上的多互生，卵形或近圆形；总状花序顶生；花萼钟状漏斗形，萼齿与萼筒等长，披针状三角形；花冠紫色或白色而有紫斑，倒卵圆形；蒴果。花果期 2~8 月。

生境与分布：生于海拔 300 m 以下的潮湿的路旁、荒林及疏林中。分布于我国江苏、安徽、浙江、江西、湖南、广西、福建、台湾。

主要用途：为一般性杂草。可作为观赏花卉。

通泉草 *Mazus pumilus*

科属 玄参科通泉草属

别名 鹅肠草、脓泡药、野田菜

形态特征：一年生草本，高 3~30 cm。基生叶少到多数，倒卵状匙形至卵状倒披针形；茎生叶对生或互生；总状花序生于茎、枝顶端，花稀疏；花萼钟状；花冠白色、紫色或蓝色，上唇裂片卵状三角形，下唇中裂片较小，倒卵圆形；蒴果球形。花果期 4~10 月。

生境与分布：生于海拔 2500 m 以下的湿润的草坡、沟边、路旁及林缘。遍布全国。

主要用途：全草可入药，有止痛、健胃、解毒的功效，主治偏头痛、消化不良；外用可治疔疮、脓疱疮、烫伤。

弹刀子菜 *Mazus stachydifolius*

科属 玄参科通泉草属

别名 水苏叶通泉草、四叶细辛

形态特征：多年生草本，高 10~50 cm，全体被多细胞白色长柔毛。茎直立；基生叶匙形；茎生叶对生，上部的常互生，纸质；总状花序顶生；花冠蓝紫色，上唇短，下唇宽大，开展，3 裂；雄蕊 4，2 强；蒴果。花期 4~6 月，果期 7~9 月。

生境与分布：生于海拔 1500 m 以下的较湿润的路旁、草坡及林缘。分布于我国大部分地区。

主要用途：全草入药。可解蛇毒，用于毒蛇咬伤。

山萝花 *Melampyrum roseum*

科属 玄参科山萝花属

别名 球锈草

形态特征：一年生直立草本，高 15~80 cm。叶长卵形或卵状披针形，全缘；总状花序生于枝端；苞叶向上渐小，基部两侧各具 1~2 个尖齿；花萼钟形，萼齿 4；花冠蓝紫色至紫红色，冠檐二唇形，上唇盔状，下唇顶端 3 裂；雄蕊 4，2 强。花期 7 月。

生境与分布：分布于东北、华东，及河北、山西、陕西、甘肃、河南、湖北、湖南等地。

主要用途：全草有清热解毒的功效，主治痈肿疮毒。

白花泡桐 *Paulownia fortunei*

科属 玄参科泡桐属

别名 白花桐、大果泡桐、饭桐子

形态特征：乔木高达 30 m。花序枝几无或仅有短侧枝，故花序狭长几呈圆柱形，长约 25 cm，小聚伞花序有 3~8 朵花；萼倒圆锥形；花冠管状漏斗形，白色仅背面稍带紫色或浅紫色；蒴果。花期 3~4 月，果期 7~8 月。

生境与分布：生于低海拔的山坡、林中、山谷及荒地，可达海拔 2000 m。分布于我国大部分地区。

主要用途：可作园林绿化树种。

夏堇 *Torenia fournieri*

科属 玄参科蝴蝶草属

别名 蓝猪耳、蝴蝶草、花公草

形态特征：一年生草本。株高 15~30 cm，株形整齐而紧密；叶对生，卵形或卵状披针形，边缘有锯齿，叶柄长为叶长一半，秋季叶色变红；腋生或顶生总状花序，花蓝色，花冠杂色；种子细小。花期 7~10 月。

生境与分布：原产于印度支那半岛，大多生长在越南。

主要用途：有清热解毒、利湿、止咳、和胃止呕、化瘀之功效。为观赏植物。

直立婆婆纳 *Veronica arvensis*

科属 玄参科婆婆纳属

别名 脾寒草、玄桃

形态特征：一年或二年生草本，全体具细软毛。茎直立，或下部略偃伏，高 10~30 cm；叶对生，常 3~5 对，卵圆形或三角状卵圆形；穗形总状花序；苞片互生，倒披针形或披针形；花冠 4 裂，与萼互生，蓝色，略带紫色；蒴果。花期 4~5 月。

生境与分布：生于海拔 2000 m 以下的路旁、田边及荒野草地。原产于我国西藏、云南（西北部）。

主要用途：全草药用，主治疝气、腰痛、白带。干全草制成流浸膏，有抗疟作用。

阿拉伯婆婆纳 *Veronica persica*

科属 玄参科婆婆纳属

别名 灯笼草、灯笼婆婆纳

形态特征：铺散多分枝草本，高 10~50 cm。茎密生两列多细胞柔毛；叶 2~4 对，具短柄，卵形或圆形；总状花序很长；苞片互生，与叶同形且几乎等大；花冠蓝色、紫色或蓝紫色，长 4~6 mm；雄蕊短于花冠；蒴果肾形。花期 3~5 月。

生境与分布：分布于我国华东、华中，及贵州、云南、西藏（东部）及新疆。

主要用途：全草可供药用，主治风湿痹痛、肾虚腰痛、外疟等症。常作绿化植物。

婆婆纳 *Veronica polita*

科属 玄参科婆婆纳属

别名 无

形态特征：铺散多分枝草本，高 10~25 cm。叶仅 2~4 对，心形至卵形，两面被白色长柔毛；总状花序很长；苞片叶状，下部的对生或全部互生；三出脉；花冠淡紫色、蓝色、粉色或白色；雄蕊比花冠短；蒴果近于肾形。花期 3~10 月。

生境与分布：生于荒地、路边。华东、华中、西南、西北及北京常见。

主要用途：有补肾强腰、解毒消肿之功效，主治肾虚腰痛、疝气、睾丸肿痛、白带、痈肿。

水苦荬 *Veronica undulata*

科属 玄参科婆婆纳属

别名 水莴苣、水菠菜、水泽兰

形态特征：多年生草本，高 10~100 cm。叶片有时为条状披针形，叶缘通常有尖锯齿；总状花序腋生，长于叶，多花；茎、花序轴、花梗、花萼和蒴果上多少有大头针状腺毛；花冠浅蓝色、淡紫色或白色，裂片宽卵形。花期 4~9 月。

生境与分布：生于水边及沼地。广布于全国各省区，仅西藏、青海、宁夏、内蒙古未见。

主要用途：药用，有清热利湿、止血化瘀的功效，主治感冒、喉痛、劳伤咯血、痢疾、血淋、月经不调、疝气、疔疮、跌打损伤，也可用来治疗妇女产后风寒。

紫葳科 Bignoniaceae

凌霄 *Campsis grandiflora*

科属 紫葳科凌霄属

别名 紫葳、苕华、堕胎花、白狗肠

形态特征：攀缘藤本。叶对生，为奇数羽状复叶；小叶 7~9 枚，卵形至卵状披针形；短圆锥花序，花序轴长 15~20 cm；花萼钟状；花冠内面鲜红色，外面橙黄色；雄蕊着生于花冠筒近基部，花药黄色；蒴果。花期 5~8 月。

生境与分布：喜充足阳光，也耐半阴，生于山坡、路边等。分布于我国大部分地区，各地均有栽培。

主要用途：花为通经利尿药，可根治跌打损伤等症。可供观赏。

厚萼凌霄 *Campsis radicans*

科属 紫葳科凌霄属

别名 美国凌霄、杜凌霄、美国紫葳

形态特征：藤本，长达 10 m。小叶 9~11 枚，椭圆形至卵状椭圆形；花萼钟状，长约 2 cm，口部直径约 1 cm，5 浅裂至萼筒的 1/3 处；花冠筒细长，漏斗状，橙红色至鲜癜红色，筒部为花萼长的 3 倍，蒴果。花期 10 月。

生境与分布：原产于美洲。在我国广西、江苏、浙江、湖南栽培作庭园观赏植物。

主要用途：有破瘀通经、凉血祛风的功效，主治血瘀经闭、癥瘕积聚、跌打损伤、风疹、皮癣、皮肤瘙痒、痤疮、便血、崩漏。花形美丽，为观赏植物。

胡麻科 Pedaliaceae

芝麻 *Sesamum indicum*

科属 胡麻科胡麻属

别名 胡麻、白麻、油麻、乌麻

形态特征：一年生直立草本。高 60~150 cm，中空或具有白色髓部；叶矩圆形或卵形，下部叶常掌状 3 裂；花单生或 2~3 朵同生于叶腋内；花冠筒状，白色而常有紫红色或黄色的彩晕；蒴果矩圆形，有纵棱，直立。花期夏末秋初。

生境与分布：原产于印度，我国汉时引入，栽培历史悠久。

主要用途：为重要的油料作物。可入药，种子有补肝肾、益精血、润肠燥、通乳的功效。主治头晕眼花、耳鸣耳聋、须发早白、病后脱发、肠燥便秘、妇人乳少。

茶菱 *Trapella sinensis*

科属 胡麻科茶菱属

别名 荠米、铁菱角、茶麦

形态特征：多年生水生草本。茎长达 60 cm；叶对生，背面淡紫红色；沉水叶三角状圆形至心形；花单生于叶腋内，在茎上部叶腋多为闭锁花；花冠漏斗状，淡红色；雄蕊 2，极叉开，纵裂；蒴果狭长，顶端有锐尖、3 长 2 短的钩状附属物。花期 6 月。

生境与分布：群生于池塘或湖泊中。分布于我国大部分地区。在朝鲜、日本、俄罗斯远东地区也有分布。

主要用途：用于小型水体边缘或浅水水体绿化，常成片栽培，形成水体覆盖景观。

狸藻科 Lentibulariaceae

黄花狸藻 *Utricularia aurea*

科属 狸藻科狸藻属

别名 黄花挖耳草、狸藻、水上一枝黄花

形态特征：水生草本。匍匐枝圆柱形，长 15~50 cm；叶器多数，互生；捕虫囊通常多数，侧生于叶器裂片上，斜卵球形；花序直立；花序梗圆柱形；花冠黄色，距近筒状；蒴果球形，顶端具喙状宿存花柱，周裂。花期 6~11 月，果期 7~12 月。

生境与分布：生于湖泊、池塘和稻田中，海拔 50~2680 m。产于我国江苏、安徽、浙江、江西、福建、台湾、湖北、湖南、广东、广西和云南。

主要用途：开花时，一枝枝黄色的花序挺出水面，有神秘、幽深意境，是一种水生园林观赏植物。

爵床科 Acanthaceae

爵床 *Justicia procumbens*

科属　爵床科爵床属

别名　六角英、赤眼老母草、孩儿草

形态特征： 草本。叶对生，卵形、长椭圆形或广披针形；穗状花序；花小，萼片 5，线状披针形或线形；花冠淡红色或紫红色，上唇 2 浅裂，下唇 3 裂较深；雄蕊 2，花药 2 室；雌蕊 1，子房卵形；蒴果线形。花期 8~11 月。

生境与分布： 生于旷野草地和路旁的阴湿处，为习见野草。

主要用途： 有清热解毒、利尿消肿、截疟的功效，主治感冒发热、疟疾、咽喉肿痛、小儿疳积、痢疾、肠炎、肾炎水肿、泌尿系统感染、乳糜尿，外用可治痈疮疖肿、跌打损伤。

透骨草科 Phrymataceae

透骨草 *Phryma leptostachya*

科属　透骨草科透骨草属

别名　蝇毒草、粘人裙、毒蛆草

形态特征： 多年生草本，高（10）30~80 (100) cm。叶对生，叶片卵状长圆形、卵状披针形、卵状椭圆形至卵状三角形或宽卵形；穗状花序生于茎顶及侧枝顶端；花出自苞腋；花冠蓝紫色、淡红色至白色；雄蕊 4；瘦果狭椭圆形。花期 6~10 月，果期 8~12 月。

生境与分布： 生于海拔 380~2800 m 的阴湿山谷或林下。产于我国黑龙江、吉林、河北、山西、河南、湖北、广西、四川、贵州、云南、西藏等地。

主要用途： 全草入药，主治感冒、跌打损伤，外用可治毒疮、湿疹、疥疮。民间用全草煎水消灭蝇蛆和菜青虫。

车前科 Plantaginaceae

车前 *Plantago asiatica*

科属 车前科车前属

别名 白带草、白贯草、车车子

形态特征： 二年生或多年生草本。叶基生呈莲座状；叶片薄纸质或纸质，宽卵形至宽椭圆形；花序 3~10，直立或弓曲上升；花序梗长 5~30 cm；穗状花序细圆柱状；花冠白色；蒴果。花期 4~8 月，果期 6~9 月。

生境与分布： 生于草地、沟边、河岸湿地、田边、路旁。我国大部分地区有分布。

主要用途： 有清热利水、通淋、清肝明目、消炎解毒之功效。此外，还能降低血压，主治呼吸、消化、泌尿、生殖及循环系统的疾病。

北美车前 *Plantago virginica*

科属 车前科车前属

别名 毛车前、毛车前草、美洲车前

形态特征： 一年生或二年生草本。叶基生呈莲座状，平卧至直立；叶片倒披针形至倒卵状披针形；花序 1 至多数；花序梗直立或弓曲上升，长 4~20 cm，密被开展的白色柔毛，中空；穗状花序细圆柱状；花冠淡黄色；蒴果。花期 4~5 月，果期 5~6 月。

生境与分布： 生于低海拔草地、路边、湖畔。原产于北美洲，在中美洲、欧洲、日本及我国归化。

主要用途： 为果园、旱田及草坪杂草，常入侵和危害草坪。

茜草科 Rubiaceae

细叶水团花 *Adina rubella*

科属 茜草科水团花属

别名 水杨柳、白消木

形态特征：落叶小灌木，高 1~3 m。叶对生，卵状披针形或卵状椭圆形，全缘；头状花序，单生、顶生或兼有腋生；小苞片线形或线状棒形；花萼管疏被短柔毛，萼裂片匙形或匙状棒形；花冠裂片三角状，紫红色；小蒴果长卵状楔形。花果期 5~12 月。

生境与分布：生于溪边、河边、沙滩等湿润地区。产于我国广东、广西、福建、江苏、浙江、湖南、江西和陕西（秦岭南坡）。

主要用途：全株入药，花球有清热解毒的功效，主治菌痢和肺热咳嗽；根煎水服可治小儿惊风症。为观赏植物。

猪殃殃 *Galium spurium*

科属 茜草科拉拉藤属

别名 假猪殃殃、锯子草、拉拉藤

形态特征：多枝、蔓生或攀缘状草本，通常高 30~90 cm。茎有 4 棱角；棱上、叶缘、叶脉上均有倒生的小刺毛；聚伞花序腋生或顶生，花小，4 数；花萼被钩毛；花冠黄绿色或白色；果柄直。花期 3~7 月，果期 4~11 月。

生境与分布：我国除海南及南海诸岛外，全国均有分布。

主要用途：全草药用，有清热解毒、消肿止痛、利尿、散瘀的功效，主治淋浊、尿血、跌打损伤、肠痈、疖肿、中耳炎等。

栀子 *Gardenia jasminoides*

科属 茜草科栀子属

别名 黄栀子、山栀、白蟾

形态特征：灌木，高 0.3~3 m。叶对生，革质，叶形多样；花芳香，通常单朵生于枝顶；萼管倒圆锥形或卵形，有纵棱；花冠白色或乳黄色，高脚碟状，喉部有疏柔毛，冠管狭圆筒形；果黄色或橙红色。花期 3~7 月，果期 5 月至翌年 2 月。

生境与分布：生于海拔 10~1500 m 处的旷野、丘陵、山谷、山坡、溪边的灌丛或林中。全国大部分地区有栽培。

主要用途：有泻火除烦、清热利尿、凉血解毒之功效，主治肺热咳嗽、鼻衄、咳痰、肿毒等病症。栀子花、叶、果可以用来熏茶和提取香料。另外，栀子对二氧化硫有抗性，并可吸硫净化大气。有膳食价值。为观赏花卉。

金毛耳草 *Hedyotis chrysotricha*

科属 茜草科耳草属

别名 铺地蜈蚣、伤口药、蜈蚣草

形态特征：多年生披散草本，高约 30 cm。叶对生，阔披针形、椭圆形或卵形；聚伞花序腋生，有花 1~3 朵，被金黄色疏柔毛；花冠白或紫色，漏斗形；雄蕊内藏，花柱中部有髯毛；果近球形。花期几乎全年。

生境与分布：生于山谷杂木林下或山坡灌木丛中。我国大部分地区有分布。

主要用途：全草入药，有清热利湿、消肿解毒之功效，主治湿热黄疸、泄泻、痢疾、带状疱疹、肾炎水肿、乳糜尿、跌打肿痛、毒蛇咬伤、疮疖肿毒、血崩、白带、外伤出血。

龙船花 *Ixora chinensis*

科属 茜草科龙船花属

别名 山丹、百日红、红缨树

形态特征：灌木，高 0.8~2 m。叶对生，或有 4 枚轮生，披针形、长圆状披针形至长圆状倒披针形；花序顶生；花冠红色或红黄色，盛开时长 2.5~3 cm，顶部 4 裂；花柱短伸出冠管外，柱头 2；果近球形，成熟时红黑色。花期 5~7 月。

生境与分布：常生于海拔 200~800 m 的山地灌丛中和疏林下。

主要用途：有散瘀止血、调经、降压、清肝、活血、止痛的功效，主治高血压、月经不调、筋骨折伤、疮疡。可作盆栽供观赏。

鸡矢藤 *Paederia foetida*

科属 茜草科鸡矢藤属

别名 鸡屎藤、牛皮冻、臭藤

形态特征：藤状灌木，全株均被灰色柔毛，揉碎后有恶臭。叶对生，膜质，卵形或披针形；托叶卵状披针形；圆锥花序式的聚伞花序腋生和顶生；花冠紫蓝色，通常被茸毛；果阔椭圆形；小坚果浅黑色，具 1 阔翅。花期 8 月，果期 10 月。

生境与分布：生于山地路旁或岩石缝隙、田埂沟边草丛中。产于我国大部分地区。

主要用途：有祛风利湿、止痛解毒、消食化积、活血消肿、降糖降脂等多种功效，主治风湿筋骨痛、跌打损伤、外伤性疼痛、放射反应引起的白细胞减少症；外用可治皮炎、湿疹及疮疡肿毒。鸡矢藤虽臭却可以制作出美食。

六月雪 *Serissa japonica*

科属 茜草科白马骨属

别名 白马骨、满天星、白丁花

形态特征：小灌木，高 60~90 cm，有臭气。叶革质，卵形至倒披针形；花单生或数朵丛生于小枝顶部或腋生，有被毛、边缘浅波状的苞片；萼檐裂片细小；花冠淡红色或白色；雄蕊突出冠管喉部外。花期 5~7 月。

生境与分布：生于河溪边或丘陵的杂木林内。

主要用途：有健脾利湿、舒肝活血的功效，主治小儿疳积、急慢性肝炎、经闭、白带、风湿腰痛。

白马骨 *Serissa serissoides*

科属 茜草科白马骨属

别名 鸡骨柴、六月寒、六月雪

形态特征：小灌木，通常高达 1 m。叶通常丛生，薄纸质，倒卵形或倒披针形；花无梗，生于小枝顶部；萼檐裂片 5，具缘毛；花冠管长 4 mm，外面无毛，喉部被毛，裂片 5；花药内藏。花期 4~6 月。

生境与分布：生于荒地或草坪。产于我国江苏、安徽、浙江、江西、福建、台湾、湖北、广东、香港、广西等省区。

主要用途：全草入药有祛风、利湿、清热、解毒的功效，主治风湿腰腿痛、痢疾、水肿、目赤肿痛、喉痛、齿痛、白带、痈疽、瘰疬。

北极花科 Linnaeaceae

大花糯米条 *Abelia × grardiflora*

科属 北极花科六道木属

别名 水苋菜、苦菜、节节花

形态特征：落叶灌木，高达 2m。叶对生，有时 3 枚轮生；叶片圆卵形至椭圆状卵形；聚伞花序生于小枝上部叶腋，由多数花序集合成一圆锥花簇；花芳香；萼筒圆柱形，被短柔毛；花冠白色至粉红色，漏斗状；雄蕊 4，伸出花冠；果具短柔毛。花期 9 月，果期 10 月。

生境与分布：我国长江以南各省区广泛分布。

主要用途：观赏植物。

忍冬科 Caprifoliaceae

忍冬 *Lonicera japonica*

科属 忍冬科忍冬属

别名 金银花、金银藤、鸳鸯藤

形态特征：多年生半常绿缠绕灌木。卵形叶对生，有叶柄；花成对生于叶腋，初为白色，渐变为黄色；花蕾呈棒状，外面黄白色或淡绿色；开放花朵筒状，雄蕊 5，雌蕊 1；球形浆果，熟时黑色。花期 4~6 月（秋季亦常开花），果期 10~11 月。

生境与分布：生于山坡灌丛或疏林中、乱石堆、山路旁及村庄篱笆边。除黑龙江、内蒙古、海南，以及西北无自然生长外，我国各省均有分布。

主要用途：具有清热解毒、抗炎、补虚疗风的功效，主治胀满下疾、温病发热、肿瘤等症。对于头昏头晕、阑尾炎、皮肤感染、化脓性扁桃体炎等病症均有疗效。

五福花科 Adoxaceae

接骨草 *Sambucus javanica*

科属 五福花科接骨木属

别名 蒴藋、陆英

形态特征： 高大草本或半灌木，高1~2 m。茎有棱条；羽状复叶，小叶2~3对，互生或对生，狭卵形；复伞形花序顶生；花冠白色，子房3室；果实红色，近球形。花期4~5月，果期8~9月。

生境与分布： 生于海拔300~2600 m的山坡、林下、沟边和草丛中，亦有栽种。产于我国大部分省区。

主要用途： 全草入药。根有祛风消肿、舒筋活络的功效，主治风湿性关节炎，跌打损伤。茎、叶有发汗、利尿的功效，主治血肾炎水肿。全草煎水可治风疹瘙痒。

荚蒾 *Viburnum dilatatum*

科属 五福花科荚蒾属

别名 红楂梅、火柴果、糯米树

形态特征： 落叶灌木，高1.5~3 m。叶纸质，宽倒卵形、倒卵形或宽卵形；复伞形聚伞花序稠密；花冠白色，辐状，裂片圆卵形；雄蕊明显高出花冠；果实红色。花期5~6月，果熟期9~11月。

生境与分布： 生于山坡或山谷疏林下，林缘及山脚灌丛中，海拔100~1000 m。产于我国大部分地区。

主要用途： 枝、叶有清热解毒、疏风解表的功效，主治疔疮发热、风热感冒，外用可治过敏性皮炎。根有祛瘀消肿的功效，主治淋巴结炎、跌打损伤。种子可制肥皂和润滑油。

绣球荚蒾 *Viburnum macrocephalum*

科属 五福花科荚蒾属

别名 八仙花、绣球、绣球花

形态特征：落叶或半常绿灌木，高达 4 m。树皮灰褐色或灰白色；叶纸质，卵形至椭圆形或卵状矩圆形；聚伞花序；萼筒筒状；花冠白色，辐状，裂片圆状倒卵形，筒部甚短；花药小，近圆形。花期 5~6 月。

生境与分布：生于路边灌丛、山坡林中。产于我国大部分地区。

主要用途：可供庭园观赏。

琼花荚蒾 *Viburnum macrocephalum* cv. 'Keteleeri'

科属 五福花科荚蒾属

别名 琼花、八仙花、蝴蝶花

形态特征：落叶或半常绿灌木。树冠半球形；单叶对生，卵形或椭圆形，基部圆形，缘有细锯齿，下面疏生星状毛；聚伞花序集成伞房状，花序中间为两性可育花，边缘常为不育花；核果椭球形，先红后黑。花期 4~5 月，果期 9~10 月。

生境与分布：生于丘陵、山坡林下或灌丛中。产于我国江苏（南部）、安徽（西部）、浙江、江西（西北部）、湖北（西部）及湖南（南部）。

主要用途：观赏植物。

珊瑚树 *Viburnum odoratissimum*

科属 五福花科荚蒾属

别名 法国冬青、日本珊瑚树

形态特征：常绿灌木或小乔木，高达 10~15 m。叶椭圆形至矩圆形或矩圆状倒卵形至倒卵形；圆锥花序顶生或生于侧生短枝上；花芳香；花冠白色，后变黄白色，有时微红；雄蕊略超出花冠裂片；果实先红色后变黑色。花期 4~5 月，果期 7~9 月。

生境与分布：生于山谷密林中溪涧旁、疏林中向阳地或平地灌丛中。产于我国福建（东南部）、湖南（南部）、广东、海南和广西。

主要用途：其根、树皮、叶有清热祛湿、通经活络、拔毒生肌的功效，主治感冒、跌打损伤、骨折。为观赏绿化植物。

锦带花科 Diervillaceae

半边月 *Weigela japonica*

科属 锦带花科锦带花属

别名 白马桑、粗糠树、千羊白

形态特征：落叶灌木，高达 3 m。叶长椭圆形、矩圆形至倒卵状圆形，具短柄，边缘具细锯齿；聚伞花序生于侧生短枝的叶腋；花冠初时白色，后变红色，外面疏被短柔毛或无毛；子房光滑或疏被柔毛；果实光滑。花期 4~6 月，果期 7~10 月。

生境与分布：原产日本，分布于我国长江流域及其以南各地，青岛等地有栽培。

主要用途：可用于庭园栽培观赏。

败酱科 Valerianaceae

墓头回 *Patrinia heterophylla*

科属 败酱科败酱属

别名 异叶败酱、刀伤草、箭头风

形态特征：多年生草本，高 (15)30~80 (100) cm；茎直。基生叶丛生，茎生叶对生；花黄色，顶生伞房状聚伞花序；花冠钟形，裂片 5；雄蕊 4，伸出，瘦果；翅状果苞干膜质。花期 7~9 月，果期 8~10 月。

生境与分布：生于海拔 (300)800~2100 (2600) m 的山地岩缝中、沙质坡或土坡上。

主要用途：根茎和根可供药用，有燥湿、止血的功效，主治崩漏、赤白带、血痢、月经不调、宫颈糜烂、宫颈癌等。

白花败酱 *Patrinia villosa*

科属 败酱科败酱属

别名 白花菜、败酱草

形态特征：多年生草本，高 50~100 (120) cm。基生叶丛生，叶片卵形、宽卵形或卵状披针形至长圆状披针形；茎生叶对生；由聚伞花序组成顶生圆锥花序或伞房花序；总苞叶卵状披针形至线状披针形或线形；花冠钟形，白色；雄蕊 4；瘦果倒卵形。花期 8~10 月，果期 9~11 月。

生境与分布：生于海拔 (50)400~1500 (2000) m 的山地林下、林缘、灌丛中或草丛中。

主要用途：本种根茎及根有陈腐臭味，有消炎利尿、清热利湿、解毒排脓、活血祛瘀的功效，主治肝炎、目赤红肿、泄泻、肠痈、产后瘀滞腹痛、痈肿疔疮。嫩苗可食用。

葫芦科 Cucurbitaceae

盒子草 *Actinostemma tenerum*

科属 葫芦科盒子草属

别名 合子草、盒儿藤、盆儿藤

形态特征：柔弱草本。叶柄细，被短柔毛；叶形变异大，心状戟形、心状狭卵形或披针状三角形；卷须细，二歧；雄花总状，有时圆锥状；花冠裂片披针形；果实绿色，卵形、阔卵形、长圆状椭圆形。花期 7~9 月，果期 9~11 月。

生境与分布：多生于水边草丛中。产于辽宁、河北、河南、四川、西藏（南部）、云南（西部）、广西、江西、福建、台湾。

主要用途：有利尿消肿、清热解毒、祛湿的功效，主治水肿、湿疹、疮疡肿毒、疳积、蛇咬伤。种子含油，可制肥皂，油饼可作肥料及猪饲料。

南瓜 *Cucurbita moschata*

科属 葫芦科南瓜属

别名 倭瓜、番瓜、番南瓜、北瓜

形态特征：一年生蔓生草本。叶片宽卵形或卵圆形，有 5 角或 5 浅裂，稀钝，叶脉隆起；卷须稍粗壮，被短刚毛和茸毛；雌雄同株，雄花单生；花萼筒钟形；花冠黄色，钟状，5 中裂；雄蕊 3；雌花单生，柱头 3；瓠果。花果期 5~10 月。

生境与分布：原产于墨西哥至中美洲一带，世界各地普遍栽培。

主要用途：有润肺益气、化痰排脓、驱虫解毒、治疗肺痈便秘、滋润毛囊壁、美容抗痘的功效，主治久病气虚、脾胃虚弱、气短倦怠、便溏、糖尿病、蛔虫等病症。食用价值高。

苦瓜 *Momordica charantia*

科属 葫芦科苦瓜属

别名 凉瓜、锦荔枝、藤苦瓜叶

形态特征：蔓生。叶为互生，掌状深裂；花为单性同株；雄花花萼钟形，萼片5，花瓣5，黄色；雄蕊3；浆果，表面有许多不规则的瘤状突起，果实的形状有纺锤形、短圆锤形、长圆锤形等。花果期5~10月。

生境与分布：现多为栽培。

主要用途：除食用外，有清热祛暑、明目解毒、降压降糖、利尿凉血、解劳清心、益气壮阳之功效。主治中暑、暑热烦渴、暑疖、痱子过多、痢疾、疮肿、结膜炎、目赤肿痛、痈肿丹毒、烧烫伤、少尿等病症。

马㼎儿

Zehneria japonica

科属 葫芦科马㼎儿属

别名 马交瓜儿、老鼠拉冬瓜

形态特征：攀缘或平卧草本。茎、枝纤细，有棱沟，无毛；叶片膜质，多型，三角状卵形、卵状心形或戟形；雌雄同株。雄花花冠淡黄色，雄蕊3；雌花在与雄花同一叶腋内单生或稀双生，子房狭卵形，果实长圆形或狭卵形。花期4~7月，果期7~10月。

生境与分布：常生于海拔500~1600 m的林中阴湿处、路旁、田边及灌丛中。

主要用途：全草药用，有清热、利尿、消肿之功效，主治咽喉肿痛、目赤、疮疡肿毒、瘰疬、子痈、湿疹。

桔梗科 Campanulaceae

杏叶沙参 *Adenophora petiolata* subsp. *hunanensis*

科属 桔梗科沙参属

别名 荠苨

形态特征：多年生草本。茎不分枝，高50~90 cm。茎生叶互生，叶片狭卵形、菱状狭卵形或长圆状狭卵形；总状花序狭长，有疏或稍密的短毛；花冠紫蓝色，钟状，5浅裂；雄蕊5；蒴果近球形。花期9~10月。

生境与分布：生长于海拔800~2000 m的山坡草地以及林缘草地，目前尚未由人工引种栽培。分布于我国河南、陕西、安徽、浙江、江西、湖南、湖北、四川、贵州、广西。

主要用途：有清肺养阴、祛痰、止咳的功效，主治肺热咳嗽、咳痰稠黄、虚劳久咳、咽干舌燥、津伤口渴。

半边莲 *Lobelia chinensis*

科属 桔梗科半边莲属

别名 细米草、瓜仁草、蛇舌草

形态特征：多年生草本。茎细弱，匍匐，节上生根，分枝直立，高6~15 cm；叶互生，椭圆状披针形至条形；花通常1朵，生于分枝的上部叶腋；花萼筒倒长锥状；花冠粉红色或白色；蒴果倒锥状。花果期5~10月。

生境与分布：野生于田埂、草地、沟边、溪边潮湿处。产于长江中下游及以南各省区。

主要用途：具有利水、消肿、解毒的功效，主治黄疸、水肿、鼓胀、泄泻、痢疾、蛇伤、疔疮、肿毒、湿疹、癣疾、湿热黄疸、阑尾炎、肠炎、肾炎等。

蓝花参

Wahlenbergia marginata

科属 桔梗科蓝花参属

别名 细叶沙参、金线吊葫芦、毛鸡脚

形态特征：多年生草本。叶互生，无柄或具长至 7 mm 的短柄，倒披针形或椭圆形；花萼无毛，筒部倒卵状圆锥形，裂片三角状钻形；花冠钟状，蓝色；蒴果倒圆锥状或倒卵状圆锥形。花果期 2~5 月。

生境与分布：生于低海拔的田边、路边和荒地中。产于我国长江流域以南各省区。

主要用途：有益气补虚、祛痰、截疟的功效，主治病后体虚、小儿疳积、支气管炎、肺虚咳嗽、疟疾、高血压病、白带。

菊科 Asteraceae

豚草 *Ambrosia artemisiifolia*

科属 菊科豚草属

别名 艾叶破布草、豕草、猪草

形态特征：一年生草本，高 20~150 cm。下部叶对生，二次羽状分裂，全缘；上部叶互生，羽状分裂；雄头状花序半球形或卵形，在枝端密集成总状花序；总苞宽半球形或碟形；花托具刚毛状托片；花冠淡黄色；瘦果倒卵形。花期 8~9 月，果期 9~10 月。

生境与分布：原产于北美洲。

主要用途：叶子中含有苦味物质和精油，乳牛食入可使乳品质量变坏。豚草还可传播病虫害。

牛蒡 *Arctium lappa*

科属 菊科牛蒡属

别名 恶实、牛蒡子、大耳朵草

形态特征：二年生草本。茎直立，高达 2 m。基生叶宽，卵形。茎生叶卵形或近卵形；头状花序多数或少数在茎枝顶端排成疏松的伞房花序或圆锥状花序；总苞卵形或卵球形；总苞片多层；小花紫红色；瘦果浅褐色。花果期6~9月。

生境与分布：生于山坡、山谷、林缘、林中、灌木丛中、河边潮湿地、村庄路旁或荒地。我国各地广泛分布。

主要用途：果实入药，有疏风散热、宣肺透疹、解毒利咽的功效，主治风热感冒、头痛、咽喉痛、痄腮、疹出不透、痈疖疮疡。根入药，有清热解毒、疏风利咽之功效。

蕲艾 *Artemisia argyi*

科属 菊科蒿属

别名 白蒿、陈艾、艾蒿、五月艾

形态特征：多年生草本或略成半灌木状，有浓烈香气。叶被灰白色短柔毛；茎下部叶近圆形或宽卵形，羽状深裂；中部叶卵形、三角状卵形或近菱形；头状花序椭圆形；总苞片 3~4 层；花序托小；雌花 6~10 朵，紫色；两性花 8~12 朵；瘦果。花果期 7~10 月。

生境与分布：分布广，除极干旱与高寒地区外，几遍全国。

主要用途：有温中、逐冷、除湿、理气血、清热止咳、消痰等功效，主治月经不调、腹中冷痛、胎漏下血、胎动不安、宫寒不孕等症。内服：可作止血剂，炒炭用止血之力颇优，可治吐血下痢、衄血下血。捣汁服，可止伤血，杀蛔虫，主治带下，止霍乱转筋，袪痢后寒热。用蕲艾配方，亦能治老年人慢性支气管炎、哮喘、肠胃炎及痢疾等症。外用：可治皮肤瘙痒、阴痒湿疹及疥癣等。以蕲艾搓手洗污或煎水浴身，可防治皮肤病。对于产妇和婴儿，用艾叶洗可以消毒强身。

茵陈蒿 *Artemisia capillaris*

科属 菊科蒿属

别名 白茵陈、臭蒿、绒蒿

形态特征：半灌木状草本。高 40~120 cm 或更长；茎、枝初时密生灰白色或灰黄色绢质柔毛；头状花序，多数，常排成复总状花序，组成圆锥花序；花序托小；雌花 6~10 朵，花冠狭管状或狭圆锥状；瘦果。花果期 7~10 月。

生境与分布：生于低海拔地区河岸、海岸附近的湿润沙地、路旁及低山坡地区。主产于我国江西、江苏、安徽、湖北、浙江、陕西、河北、山东等。

主要用途：有清热利湿、利胆退黄的功效，主治黄疸、胆囊炎、膀胱湿热、风痒疮疥。幼嫩枝、叶可作蔬菜或酿制茵陈酒。

五月艾 *Artemisia indica*

科属 菊科蒿属

别名 艾、白艾、白蒿、大艾

形态特征：半灌木状草本，高 80~150 cm。叶上面初时被灰白色或淡灰黄色茸毛，后渐稀疏或无毛，背面密被灰白色蛛丝状茸毛；头状花序有雌花 4~8 朵，花冠狭管状，檐部紫红色，两性花 8~12 朵；瘦果。花果期 8~10 月。

生境与分布：多生于低海拔或中海拔湿润地区的路旁、林缘、坡地及灌丛处，为广布种，产于我国大部分地区。

主要用途：有清热、解毒、止血、消炎等功效。

野艾蒿 *Artemisia lavandulaefolia*

科属 菊科蒿属

别名 荫地蒿、野艾、小叶艾

形态特征：多年生草本。茎直立，高 50~120 cm；叶纸质，具密的白色腺点；头状花序椭圆形，极多数，下倾，在茎上组成圆锥花序；雌花 4~9 朵；两性花 10~20 朵，其冠檐均为紫红色；瘦果。花果期 8~10 月。

生境与分布：多生于低或中海拔地区的路旁、草地、山谷、灌丛及河湖滨草地等。产于我国大部分地区。

主要用途：有散寒除湿、温经止血、安胎的功效，主治崩漏、先兆流产、痛经、月经不调、湿疹、皮肤瘙痒。

马兰 *Aster indicus*

科属 菊科紫菀属

别名 山菊、路边菊、田边菊

形态特征：茎直立，根状，高 30~70 cm。头状花序；总苞半球形；总苞片 2~3 层，覆瓦状排列；外层倒披针形，有缘毛；花托圆锥形；舌状花 1 层，15~20 个；舌片浅紫色；瘦果褐色。花期 5~9 月，果期 8~10 月。

生境与分布：生于菜园、农田、路旁。为广布种。

主要用途：全草入药。有清热、凉血、解毒、利湿的功效，主治吐血、衄血、血痢、疮伤出血、疟疾、水肿、淋浊、咽喉痛、痔疮、痈肿、丹毒、蛇咬伤。为田间常见杂草。

东风菜 *Aster scaber*

科属 菊科紫菀属

别名 钻山狗、白云草、草三七

形态特征： 茎直立，高 100~150 cm。叶片心形，顶端尖；头状花序，圆锥伞房状排列；舌状花约 10 朵，舌片白色，条状矩圆形；管状花长 5.5mm，檐部钟状。瘦果倒卵圆形或椭圆形无毛；冠毛污黄白色。花期 6~10 月，果期 8~10 月。

生境与分布： 生于山谷坡地、草地和灌丛中，极常见。

主要用途： 根或全草入药，具有清热解毒、祛风止痛、行血活血的功效，主治毒蛇咬伤、风湿性关节炎、跌打损伤、感冒头痛、目赤肿痛、咽喉肿痛、慢性支气管炎、肠炎、腹痛，外用可治疮疥及毒蛇咬伤。

白花鬼针草 *Bidens alba*

科属 菊科鬼针草属

别名 金杯银盏、金盏银盘、盲肠草

形态特征： 一年生直立草本，高 30~100 cm。茎钝四棱形，无毛或上部被极稀的柔毛；茎下部叶较小，3 裂或不分裂，中部叶三出；头状花序，总苞苞片 7~8 枚，条状匙形；舌状花 5~7 朵，舌片椭圆状倒卵形，白色；盘花筒状，冠檐 5 齿裂；瘦果黑色，具倒刺毛。

生境与分布： 生于村旁、路边及田野。分布于华东、中南、西南及西藏等地。

主要用途： 主治感冒发热、风湿痹痛、湿热黄疸、痈肿疮疖。

金盏银盘 *Bidens biternata*

科属 菊科鬼针草属

别名 金盏银盘、对叉菜、鬼针草

形态特征： 一年生草本。茎直立，高 30~150 cm，略具四棱；叶为一回羽状复叶，顶生小叶，侧生小叶 1~2 对，三出复叶状分裂；头状花序；舌状花通常 3~5 朵，舌片淡黄色，长椭圆形；盘花筒状，冠檐 5 齿裂；瘦果条形，黑色，具四棱，顶端有芒刺 3~4 枚，具倒刺毛。

生境与分布： 生于路边、村旁及荒地中。为广布种。

主要用途： 全草入药，有清热解毒、散瘀活血的功效，主治上呼吸道感染、咽喉肿痛、急性阑尾炎、急性黄疸型肝炎、胃肠炎、风湿关节疼痛、疟疾。外用可治疮疖、毒蛇咬伤、跌打肿痛。

狼杷草 *Bidens tripartita*

科属 菊科鬼针草属

别名 鬼针、鬼叉、鬼刺

形态特征： 一年生草本，高 30~150 cm。叶对生，无毛，叶柄有狭翅；头状花序，直径 1~3 cm；总苞片多数，外层倒披针形，叶状；花黄色，全为两性管状花；瘦果，顶端有芒刺 2 枚，少有 3~4 枚。花期 7~9 月，果期 8~10 月。

生境与分布： 广泛分布于我国的各省区。

主要用途： 药用，有养阴润肺、清热解毒的功效，主治感冒、百日咳等症，果实榨油可制油漆。全草可提取黄色染料。

飞廉 *Carduus nutans*

科属　菊科飞廉属

别名　刺打草、雷公菜、飞帘

形态特征：二年生草本，高 50~120 cm。茎直立，具纵棱，并附有绿色的翅，翅有针刺；叶互生；通常无柄而抱茎；下部叶椭圆状披针形，羽状深裂，裂片边缘具刺；头状花序 2~3 个簇生枝端；花全为管状花，两性，紫红色；瘦果；冠毛白色或灰白色，呈刺毛状。花期 5~7 月。

生境与分布：为广布种。常生于水分条件较好的阴湿、半阴湿地区的路旁、田边、沟（滩）畔和林缘草地。

主要用途：有祛风、清热、利湿、凉血散瘀的功效，主治风热感冒、头风眩晕、风热痹痛、皮肤刺痒、尿路感染、乳糜尿、尿血、带下病、跌打瘀肿、疔疮肿毒、烫火伤。

天名精 *Carpesium abrotanoides*

科属　菊科天名精属

别名　天蔓青、臭母猪梢、地松

形态特征：多年生粗壮草本。茎高 60~100 cm；茎下部叶广椭圆形或长椭圆形；头状花序多数，生于茎端及沿茎、枝生于叶腋，成穗状花序式排列；总苞钟球形；苞片 3 层；雌花狭筒状，两性花筒状，冠檐具 5 齿裂；瘦果。花果期 6~10 月。

生境与分布：生于村旁、路边荒地、溪边及林缘，垂直分布可达海拔 2000 m。产于华东、华南、华中、西南各省区，及河北、陕西等地。

主要用途：有止血、利尿、清热解毒、破血、生肌的功效，主治咽喉肿痛、扁桃体炎、支气管炎，外用可治创伤出血、疔疮肿毒、蛇虫咬伤。为瘦果中药，称“北鹤虱”，可驱除绦虫、蛔虫。

刺儿菜 *Cirsium arvense* var. *integrifolium*

科属 菊科蓟属

别名 野红花

形态特征：多年生草本。茎直立，高30~80 cm；基生叶和中部茎叶椭圆形、长椭圆形或椭圆状倒披针形；头状花序单生于茎端，小花紫红色或白色，雌花花冠长2.4 cm，两性花花冠长1.8 cm；瘦果淡黄色；冠毛污白色；冠毛刚毛长羽毛状。花果期5~9月。

生境与分布：生于山坡、河旁、荒地或田间，海拔170~2650 m。除西藏、云南、广东、广西外，几遍全国各地。

主要用途：具有凉血、祛瘀、止血的功效，主治吐血、衄血、尿血、血淋、便血、急性传染性肝炎、疔疮、痈毒等。

大蓟 *Cirsium japonicum*

科属 菊科蓟属

别名 虎蓟

形态特征：多年生草本，高0.5~1 m。茎直立，有细纵纹，基部有白色丝状毛；基生叶丛生，有柄，倒披针形或倒卵状披针形，齿端具针刺；茎生叶互生，基部心形抱茎；头状花序顶生；总苞钟状；花两性，管状，紫色；瘦果，冠毛多层，羽状。花期5~8月，果期6~8月。

生境与分布：生于山野、路旁、荒地。产于全国大部分地区。

主要用途：有降血压、清热解毒、消炎、止血以及恢复肝功能的功效，可促进肝细胞再生，用于急性热病炎症性出血等。

大花金鸡菊 *Coreopsis grandiflora*

科属 菊科金鸡菊属

别名 大花波斯菊、剑叶波斯菊、金鸡菊

形态特征：多年生草本，高 20~100 cm。叶对生；下部叶羽状全裂，裂片长圆形；中部及上部叶 3~5 深裂；头状花序单生于枝端，具长花序梗；舌状花 6~10 枚，舌片宽大，黄色；管状花两性；瘦果。花期 5~9 月。

生境与分布：原产于美洲，在我国各地常有栽培，有时逸为野生。

主要用途：观赏植物。

秋英 *Cosmos bipinnatus*

科属 菊科秋英属

别名 波斯菊、八瓣梅、秋缨、扫帚梅

形态特征：一年生或多年生草本。茎直立；叶对生，全缘，二回羽状分裂；头状花序较大，单生或排成疏伞房状，外围有 1 层无性的舌状花，中央有多数结果实的两性花；总苞近半球形；舌状花舌片大，全缘或近顶端齿裂；两性花花冠管状，顶端有 5 裂片；瘦果。花期 1~12 月。

生境与分布：原产于墨西哥，现全国各地均有种植。

主要用途：有清热解毒、化湿的功效，主治急、慢性痢疾，目赤肿痛，外用可治痈疮肿毒。为观赏植物。

野茼蒿 *Crassocephalum crepidioides*

科属 菊科野茼蒿属

别名 革命菜、灯笼草、一点红

形态特征：直立草本，高 20~120 cm。茎有纵条棱；头状花序数个在茎端排成伞房状，总苞钟状；小花全部管状，两性，花冠红褐色或橙红色，檐部5齿裂；果赤红色，被毛。花期 7~12 月。

生境与分布：常见于山坡路旁、水边、灌丛中，海拔 300~1800 m。产于我国江西、福建、湖南、湖北、广东、广西、贵州、云南、四川、西藏。

主要用途：全草入药，有健脾、消肿之功效，主治消化不良、脾虚浮肿等症。

大丽花 *Dahlia pinnata*

科属 菊科大丽花属

别名 大理花、天竺牡丹、大丽菊

形态特征：多年生草本。茎直立，多分枝，高 1.5~2 m，粗壮；叶一至三回羽状全裂，上部叶有时不分裂，裂片卵形或长圆状卵形；头状花序大，有长花序梗，常下垂，宽 6~12 cm；总苞片外层约 5 个，舌状花 1 层；管状花黄色；瘦果。花期 6~12 月，果期 9~10 月。

生境与分布：原产于墨西哥，全世界广为栽培。

主要用途：根有清热解毒、消肿的功效，主治头风、脾虚食滞、痄腮、龋齿牙痛。为观赏植物。

鳢肠 *Eclipta prostrata*

科属 菊科鳢肠属

别名 墨旱莲、旱莲草、乌心草

形态特征：一年生草本，高 15~60 cm。叶披针形、椭圆状披针形或条状披针形，被糙伏毛；头状花序，腋生或顶生；总苞片 5~6 枚，被毛；花杂性；舌状花雌性，白色；筒状花两性；筒状花的瘦果三棱状，瘦果扁四棱形。花果期 7~10 月。

生境与分布：见于路边、田边、塘边及河岸，亦生于潮湿荒地或丢荒的水田中。分布于我国各省区。

主要用途：为滋养收敛之药，有收敛止血排脓之功效，可治各种吐血、肠出血等症。捣汁涂眉发，能促进毛发生长，内服有乌发、黑发功效。鳢肠茎叶柔嫩，各类家畜喜食，民间常用作猪饲料。

一年蓬 *Erigeron annuus*

科属 菊科飞蓬属

别名 千层塔、野蒿、治疟草

形态特征：一年生或二年生草本。茎粗壮，高 30~100 cm，直立；叶边缘被短硬毛；头状花序数个或多数，排列成疏圆锥花序；外围的雌花舌状，2 层，舌片平展，白色，或有时淡天蓝色，顶端具 2 枚小齿；中央的两性花管状，黄色；瘦果披针形。花期 6~9 月。

生境与分布：常生于路边旷野或山坡荒地。原产于北美洲。

主要用途：具有清热解毒、助消化的功效，主治消化不良、肠炎腹泻、传染性肝炎、淋巴结炎、血尿。

香丝草

Erigeron bonariensis

科属　菊科飞蓬属

别名　野塘蒿、野地黄菊、蓑衣草

形态特征：一年生或二年生草本。高 20~50 cm；叶密集；头状花序多数；雌花多层，白色，花冠细管状，两性花淡黄色，花冠管状；瘦果线状披针形。花期 5~10 月。

生境与分布：常生于荒地、田边、路旁。产于我国中部、东部、南部至西南部各省区。

主要用途：全草入药，主治感冒、疟疾、急性关节炎及外伤出血等症。为一种常见的杂草。

小蓬草

Erigeron canadensis

科属　菊科飞蓬属

别名　加拿大蓬、臭艾、蒿子

形态特征：一年生草本，高 50~100 cm 或更高。叶密集；头状花序多、小，排列成顶生多分枝的大圆锥花序；总苞近圆柱状，总苞片 2~3 层；雌花多数，舌状，白色；两性花淡黄色，花冠管状，上端具 4 或 5 个齿裂；瘦果线状披针形。花期 5~9 月。

生境与分布：多生于路边、田野、牧场、草原、河滩，常形成大片草丛。原产于北美洲，我国南北各省区均有分布。

主要用途：全草入药有消炎止血、祛风湿的功效，主治血尿、水肿、肝炎、胆囊炎、小儿头疮等症。

多须公 *Eupatorium chinese*

科属 菊科泽兰属

别名 六月雪、土牛膝、白花姜

形态特征：蔓性多年生木质缠绕藤本。茎伸长，长 4~5 m，木质；单叶对生，卵形，少数亦为长椭圆形或长椭圆状披针形，叶基部圆形，全缘；花多数，小型，花白色、粉色或红色；瘦果。花果期 6~11 月。

生境与分布：生于海拔 800~1900 m 的山谷、山坡林缘、林下、灌丛或山坡草地上。产于我国东南及西南部。

主要用途：全株药用，有祛风湿、化痰止咳、散瘀止痛、解蛇伤的功效，主治风湿痹痛、咳喘痰多、跌打肿痛、毒蛇咬伤。

白头婆 *Eupatorium japonicum*

科属 菊科泽兰属

别名 孩儿菊、六月霜、六月雪

形态特征：多年生草本，高 50~200 cm。叶对生，叶基部楔形，有叶柄，柄长 1~2 cm，质地稍厚；头状花序在茎顶或枝端排成紧密的伞房花序；白色或带红紫色或粉红色，花冠长 5 mm，外面有较稠密的黄色腺点；瘦果；冠毛白色。花果期 6~11 月。

生境与分布：生长于海拔 120~2900 m 的密疏林下、灌丛中、山坡草地、水湿地和河岸水旁。为广布种，朝鲜、日本也有分布。

主要用途：全草药用，性凉，有消热消炎的功效。

牛膝菊 *Galinsoga parviflora*

科属 菊科牛膝菊属

别名 辣子草、向阳花、辣子菊

形态特征：一年生草本，高 10~80 cm。茎纤细；叶对生，卵形或长椭圆状卵形；总苞半球形或宽钟状；总苞片 1~2 层，约 5 个；舌状花 4~5 朵，舌片白色，顶端具 3 齿裂；托片倒披针形或长倒披针形；瘦果。花果期 7~10 月。

生境与分布：生于林下、河谷地、荒野、河边、田间、溪边或市郊路旁，产于我国四川、云南、贵州、西藏等省区。原产于南美洲，在我国归化。

主要用途：全草药用，有止血、消炎之功效，对外伤出血、扁桃体炎、咽喉炎、急性黄胆型肝炎有一定的疗效。

茼蒿 *Glebionis coronaria*

科属 菊科茼蒿属

别名 春菊、皇帝菜、同蒿、蒿菜

形态特征：草本，光滑无毛或几光滑无毛，茎高达 70 cm。基生叶花期枯萎；中下部茎叶长椭圆形或长椭圆状倒卵形，二回羽状分裂，上部叶小；头状花序单生于茎顶或少数生于茎枝顶端；舌片长 1.5~2.5 cm；舌状花瘦果有 3 条突起的狭翅肋。花果期 6~8 月。

生境与分布：茼蒿在欧洲原本是庭园中美丽的观叶植物，我国各地花园观赏栽培。河北、山东等地有野生。

主要用途：可栽培作食用蔬菜，为观赏植物。茼蒿有蒿之清气、菊之甘香，有安心气、养脾胃、消痰饮、利肠胃之功效，主治消化不良、膈中臭气、小便不利、大便不爽、疝气腹痛等。

向日葵 *Helianthus annuus*

科属 菊科向日葵属

别名 朝阳花、葵花、葵花盘

形态特征： 一年生高大草本。高 1~3m；叶互生，心状卵圆形或卵圆形，有三基出脉；头状花序极大；总苞片多层，花托平或稍凸，有半膜质托片；舌状花多数，黄色，长圆状卵形或长圆形，不结实；瘦果倒卵形或卵状长圆形。花期 7~9 月，果期 8~9 月。

生境与分布： 原产于北美洲，世界各国均有栽培。

主要用途： 种子含油量很高，可供食用，亦可作干果食品。

菊芋 *Helianthus tuberosus*

科属 菊科向日葵属

别名 洋姜、菊芋、番姜

形态特征： 多年生草本，高 1~3m。茎直立，有分枝，被白色短糙毛或刚毛；叶对生；头状花序较大，单生于枝端，有 1~2 个线状披针形的苞叶，直立，总苞片多层，背面被短伏毛；管状花花冠黄色；瘦果小，楔形。花期 8~9 月。

生境与分布： 原产于北美，我国各地有广泛栽培。

主要用途： 有清热凉血、消肿的功效，主治热病、肠热出血、跌打损伤、骨折肿痛。根茎捣烂外敷可治无名肿毒、腮腺炎。块茎既可食用，又可通过深加工制成淀粉、菊糖、食品添加剂、酒精、保健品等。

泥胡菜 *Hemisteptia lyrata*

科属　菊科泥胡菜属

别名　猪兜菜、艾草、绒球

形态特征：一年生草本，株高 30~90 cm。茎直立；基生叶莲座状，叶片倒披针形或倒披针状椭圆形；头状花序多数，总苞球形，总苞片 5~8 层，背面顶端下有紫红色鸡冠状附片，花紫红色，全部为管状花；瘦果。花期 5~6 月，果期 6~7 月。

生境与分布：生于路旁荒地或水塘边，或在较湿润的丘陵、山谷、溪边和荒山草坡，我国分布甚广。

主要用途：全草可入药，有清热解毒、消肿散结的功效，可治疗乳腺炎、疔疮、颈淋巴炎、痈肿、牙痛、牙龈炎等症。

中华苦荬菜 *Ixeris chinensis*

科属　菊科小苦荬属

别名　败酱草、大苦菜、观音一支箭

形态特征：多年生草本。基生叶长椭圆形、倒披针形、线形或舌形；茎生叶 2~4 枚，极少 1 枚或无茎生叶，长披针形或长椭圆状披针形；头状花序通常在茎枝顶端排成伞房花序，含舌状小花 21~25 枚；舌状小花黄色，干时带红色；瘦果；冠毛白色。花果期 1~10 月。

生境与分布：生长于海拔 230~4700 m 的地区，见于田野、山坡路旁、河边灌丛及岩石缝隙中，目前尚未由人工引种栽培。

主要用途：具有清热解毒、消肿排脓、凉血化瘀、消食和胃、清肺止咳、益肝利尿之功效，主治急性痢疾、肠炎、痔疮肿痛等症。为野生绿色蔬菜。

莴笋 *Lactuca sativa* var. *angustata*

科属 菊科莴苣属

别名 春菜、麦菜

形态特征：一年生或二年生草本，高 25~100 cm。圆锥花序分枝下部的叶及圆锥花序分枝上的叶极小，卵状心形；头状花序多数或极多数，在茎枝顶端排成圆锥花序；舌状小花约 15 枚；瘦果倒披针形。花果期 2~9 月。

生境与分布：各地均有栽培，亦有野生。

主要用途：含有相当丰富的铁盐、钙盐和磷盐，可作生菜用。

山莴苣 *Lactuca sibirica*

科属 菊科莴苣属

别名 北山莴苣、西伯利亚山莴苣

形态特征：多年生草本，高 50~130 cm。中下部茎叶披针形、长披针形或长椭圆状披针形；头状花序含舌状小花约 20 枚，多数在茎枝顶端排成伞房花序或伞房圆锥花序；舌状小花蓝色或蓝紫色；瘦果褐色或橄榄色。花果期 7~9 月。

生境与分布：生于林缘、林下、草甸、河岸、湖地水湿地。分布于我国黑龙江、吉林、辽宁、内蒙古、河北、山西、陕西、甘肃、青海、新疆。

主要用途：全草均可入药，有清热解毒、活血祛瘀、健胃之功效，主治阑尾炎、扁桃体炎、疮疖肿毒、宿食不消、产后瘀血。

稻槎菜 *Lapsanastrum apogonoides*

科属 菊科稻槎菜属

别名 禾稿草

形态特征：一年生矮小草本，高 7~20 cm。茎细，全部茎枝柔软，被细柔毛或无毛；基生叶全角椭圆形、长椭圆状匙形或长匙形，长 3~7 cm，宽 1~2.5 cm；头状花序小；舌状小花黄色，两性；瘦果淡黄色。花果期 1~6 月。

生境与分布：生于田野、荒地及路边，分布于我国大部分地区。

主要用途：民间常采作野菜。药用，有清热解毒、发表透疹的功效。在广西，稻槎菜用作猪饲料。

滨菊 *Leucanthemum vulgare*

科属 菊科滨菊属

别名 法国菊、法兰西菊、牛眼菊

形态特征：多年生草本，高 15~80 cm。茎直立，通常不分枝，被茸毛或卷毛至无毛；基生叶花期生存，长椭圆形、倒披针形、倒卵形或卵形；中下部茎叶长椭圆形或线状长椭圆形；头状花序单生茎顶，有长花梗，或茎生 2~5 个头状花序，排成疏松伞房状；管状花黄色，舌状花白色；瘦果；花果期 5~10 月。

生境与分布：生于山坡草地或河边，现广泛栽种。河南、江西、甘肃有归化野生类型。

主要用途：观赏花卉。

拟鼠麹草

Pseudognaphalium affine

科属 菊科鼠麹草属

别名 拟鼠曲草、鼠麹草、鼠曲草

形态特征：二年生草本，高 10~40 cm 或更高。叶无柄；头状花序较多或较少数，近无柄，在枝顶密集成伞房花序，花黄色至淡黄色；雌花多数，花冠细管状；两性花较少，管状；瘦果倒卵形或倒卵状圆柱形。花期 1~4 月，8~11 月。

生境与分布：生于低海拔干地或湿润草地上，尤以稻田最常见。产于我国台湾，华东、华南、华中、华北、西北及西南各省区。

主要用途：有化痰、止咳、祛风寒的功效，主治咳嗽痰喘、风寒感冒、蚕豆病、筋骨疼痛、带下病、痈疮。

千里光 *Senecio scandens*

科属 菊科千里光属

别名 千里明、光明草、黄花草

形态特征：多年生攀缘草本。茎长 2~5 m，多分枝；叶具柄，叶片卵状披针形至长三角形；头状花序有舌状花，多数，长圆形，也有管状花，花冠黄色，在茎枝端排列成顶生复聚伞圆锥花序；总苞圆柱状钟形；瘦果。花果期秋冬季至翌年春季。

生境与分布：生于山坡、疏林下、林边、路旁。产于我国大部分省区。

主要用途：有清热解毒、明目退翳、杀虫止痒的功效，主治流感、上呼吸道感染、肺炎、急性扁桃体炎、急性肠炎、菌痢、黄疸型肝炎、滴虫性阴道炎、烧烫伤。

豨莶 *Siegesbeckia orientalis*

科属 菊科豨莶属

别名 毛豨莶、棉苍狼、珠草

形态特征：一年生草本，高 30~110 cm。基部叶卵状披针形，基出三脉；头状花序；总苞宽钟状；总苞片 2 层，叶质；舌状花舌片先端具 2~3 齿裂，有时 5 齿裂；两性管状花冠檐钟状；瘦果，4 棱。花期 5~8 月，果期 6~10 月。

生境与分布：生于海拔 160~3400 m 的山坡、山谷林缘、灌丛林下的草坪中。广产于我国大部分地区。

主要用途：全草供药用，有解毒、镇痛及降血压的功效，主治全身酸痛、四肢麻痹。

蒲儿根 *Sinosenecio oldhamianus*

科属 菊科蒲儿根属

别名 矮千里光、肥猪苗、黄菊蓬

形态特征：直立多年生或有时二年生草本，具匍匐枝或根状茎。叶片圆形或肾形至卵形或三角轮廓状；头状花序单生至多数排列成顶生近伞形简单或复伞房状聚伞花序；舌状花 6~15 朵，通常 13 朵，雌性，舌片黄色；花冠黄色。瘦果。花期 1~12 月。

生境与分布：生于海拔 360~2100 m 的林缘、溪边、潮湿岩石边、草坡及田边。主要产于我国。

主要用途：全草入药，有清热解毒的功效，主治疮疡、痈疖肿毒、疮毒化脓、金疮。为观赏植物。

加拿大一枝黄花 *Solidago canadensis*

科属 菊科一枝黄花属

别名 黄莺、麒麟草

形态特征：多年生草本，高 30~80 cm。茎直立；单叶互生，卵圆形、长圆形或披针形；头状花序，聚成总状或圆锥状；花黄色，舌状花约 8 朵，雌性，管状花多数，两性；瘦果圆柱形，冠毛白色。花期 9~10 月，果期 10~11 月。

生境与分布：原产于北美洲，20 世纪 30 年代中期作为观赏植物引入上海、南京等地，后逸生为恶性杂草。

主要用途：作为外来入侵种，加拿大一枝黄花已对我国生物多样性构成严重威胁。据不完全统计已导致 30 多种乡土植物物种消亡。

一枝黄花 *Solidago decurrens*

科属 菊科一枝黄花属

别名 野黄菊、山边半枝香、满山黄

形态特征：多年生草本。茎直立，高达 2.5 m；叶形与花序式有极大变化；头状花序很小，多数在茎上部排列成紧密或疏松的长 6~25 cm 的总状花序或伞房圆锥花序；总苞片披针形或狭披针形；舌状花舌片椭圆形；瘦果。花果期 4~11 月。

生境与分布：主要生长在河滩、荒地、公路两旁、农田边、农村住宅四周，海拔 565~2850 m。

主要用途：有疏风解毒、退热行血、消肿止痛的功效，主治毒蛇咬伤、痈、疖等。全草含皂苷，家畜误食中毒会引起麻痹及运动障碍。

苦苣菜 *Sonchus oleraceus*

科属 菊科苦苣菜属

别名 败酱草、滨苦荬、刺苦菜

形态特征：一年生或二年生草本。茎直立，高 40~150 cm；基生叶羽状深裂；头状花序；总苞宽钟状；总苞片 3~4 层，覆瓦状排列；舌状小花，黄色；瘦果褐色，长椭圆形或长椭圆状倒披针形，冠毛白色。花果期 5~12 月。

生境与分布：生于山坡或山谷林缘、林下或平地田间、空旷处或近水处，海拔 170~3200 m。几遍全球。

主要用途：全草入药，有祛湿、清热解毒的功效。主治阑尾炎、肠炎、子宫颈炎、乳腺炎、扁桃体炎、咽喉炎、急性黄疸型肝炎、细菌性痢疾等症。可防治癌症、利胆保肝、抗胃溃疡。外用可治疗疖肿，有利于伤口愈合，减轻疼痛。

钻叶紫菀 *Symphyotrichum subulatum*

科属 菊科联毛紫菀属

别名 剪刀菜、钻形紫菀、白菊花

形态特征：一年生草本。茎高 25~100 cm；基生叶倒披针形；茎中部叶线状披针形，有时具钻形尖头，全缘；头状花序小，排成圆锥状，总苞钟状，总苞片 3~4 层；舌状花细狭，淡红色；管状花多数；瘦果有 5 纵棱。9~11 月开花结果。

生境与分布：原产于北美洲。常见于沟边、河岸、海岸、路边及低洼地。

主要用途：全草入药，有清热解毒的功效，主治痈肿、湿疹。

万寿菊 *Tagetes erecta*

科属 菊科万寿菊属

别名 臭芙蓉

形态特征： 一年生草本，高 50~150 cm。叶羽状分裂，裂片长椭圆形或披针形；头状花序单生，花序梗顶端棍棒状膨大；总苞杯状，顶端具齿尖；舌状花黄色或暗橙色；管状花花冠黄色，顶端具 5 齿裂；瘦果线形；冠毛有 1~2 个长芒。花期 7~9 月。

生境与分布： 原产于墨西哥。各地均有栽培。

主要用途： 有平肝解热、祛风化痰的功效，主治头风眼痛、小儿惊风、感冒咳嗽、顿咳、乳痛、痄腮。为观赏花卉。

孔雀草 *Tagetes patula*

科属 菊科万寿菊属

别名 小万寿菊、红黄草、臭菊花

形态特征： 一年生草本，高 30~100 cm，茎直立。叶羽状分裂，裂片线状披针形；头状花序单生；总苞长 1.5 cm，宽 0.7 cm；舌状花金黄色或橙色，带红色斑；管状花花冠黄色，具 5 齿裂；瘦果线形，黑色。花期 7~9 月。

生境与分布： 生于海拔 750~1600 m 的山坡草地、林中，或在庭园栽培。原产于墨西哥，分布于我国四川、贵州、云南等地。

主要用途： 花、叶可以入药，有清热化痰、补血通经的功效，主治百日咳、气管炎、感冒。宜作花坛边缘材料或花丛、花境等栽植，也可盆栽和作切花。

蒙古蒲公英 *Taraxacum mongolicum*

科属 菊科蒲公英属

别名 蒲公草、食用蒲公英、尿床草

形态特征：多年生草本。叶倒卵状披针形、倒披针形或长圆状披针形，全缘或具齿；花葶1至数个，上部紫红色；头状花序；总苞钟状，淡绿色；舌状花黄色，边缘花舌片背面具紫红色条纹；瘦果。花期4~9月，果期5~10月。

生境与分布：广泛生于中、低海拔地区的山坡草地、路边、田野、河滩。除西北外，我国大部分地区都有分布。

主要用途：有利尿美容、保肝、利胆、抗胃溃疡等功效。可食用。

苍耳 *Xanthium strumarium*

科属 菊科苍耳属

别名 粘粘葵、白痴头婆、狗耳朵草

形态特征：一年生草本，高20~90 cm。叶三角状卵形或心形，近全缘，基出三脉；雄性的头状花序球形，总苞片长圆状披针形，有多数雄花，花冠钟形；雌性的头状花序椭圆形，外层总苞片小；瘦果成熟时变坚硬，外面有疏生的具钩状的刺；瘦果2。花期7~8月，果期9~10月。

生境与分布：常生长于平原、丘陵、低山、荒野路边、田边。为广布种。

主要用途：苍耳的茎、叶、根、种子入药，内服发汗通窍、散风祛湿、解毒止痛，外用止痒、消炎、排脓，主治风寒头痛、菌痢、肠炎、伤风感冒、子宫出血、皮肤湿疹等症。种子可榨油，还可代替桐油，又可制硬化油及润滑油。

黄鹌菜 *Youngia japonica*

科属 菊科黄鹌菜属

别名 黄花枝香草、野青菜

形态特征：株高 20~85 cm。茎直立，不分枝，常呈暗紫色；基生叶通常排列成莲座状，倒披针形，提琴状羽裂；茎生叶互生，通常 1~2 片，较小；头状花序小，在茎顶排列成聚伞状圆锥花序；舌状花，花冠黄色，先端有 5 齿。花果期 4~10 月。

生境与分布：生于山坡、山谷、山沟林缘、林下、林间草地，以及潮湿地上。除东北、华北、西北等地外，全国都有分布。

主要用途：有清热解毒、利尿消肿、止痛之功效，主治咽喉痛、乳痈、牙痛、小便不利、肝硬化腹水、疮疖肿毒。

百日菊 *Zinnia elegans*

科属 菊科百日菊属

别名 百日草、步步高、火球花、对叶菊

形态特征：一年生草本。茎直立，高 30~100 cm，被糙毛或长硬毛；叶对生无柄，叶基部抱茎，叶宽卵圆形或长圆状椭圆形；头状花序直径 5~6.5 cm，单生于枝端，无中空肥厚的花序梗；总苞宽钟状；舌状花深红色、玫瑰色、紫堇色或白色，舌片倒卵圆形。花期 6~9 月，果期 7~10 月。

生境与分布：原产于北美墨西哥高原，现全国各地均有种植。喜温暖、不耐寒、怕酷暑、耐干旱、耐瘠薄、忌连作。

主要用途：有清热、利湿、解毒的功效，主治湿热痢疾、淋症、乳痈、疖肿。可供园林观赏。

单子叶植物

香蒲科 Typhaceae

水烛 *Typha angustifolia*

科属 香蒲科香蒲属

别名 蒲草、水蜡烛、狭叶香蒲、香蒲

形态特征：多年生，水生或沼生草本。地上茎直立，高 1.5~3 m，叶片长 54~120 cm，宽 4~9 mm；叶鞘抱茎；雌雄花序相距 2.5~6.9 cm；雄花序轴具褐色扁柔毛，单出；雌花序长 15~30 cm，基部具 1 枚叶状苞片；白色丝状毛着生于子房柄基部；小坚果。花果期 6~9 月。

生境与分布：生于湖泊、河流、池塘浅水处，水深稀达 1 m 或更深，沼泽、沟渠亦常见。产于我国大部分地区。

主要用途：花粉即蒲黄入药；叶片用于编织、造纸等；幼叶基部和根状茎先端可作蔬食；雌花序可作枕芯和坐垫的填充物。另外，本种叶片挺拔，花序粗壮，常用于花卉观赏。

眼子菜科 Potamogetonaceae

菹草 *Potamogeton crispus*

科属 眼子菜科眼子菜属

别名 虾藻、虾草、麦黄草

形态特征：多年生沉水草本。茎稍扁，多分枝，近基部常匍匐于地面；叶条形；叶脉 3~5 条，平行；托叶薄膜质；休眠芽腋生，略似松果；穗状花序顶生，具花 2~4 轮；花序梗棒状；花小，被片 4，雌蕊 4；果实卵形。花果期 4~7 月。

生境与分布：生于池塘、水沟、水稻田、灌渠及缓流河水中，水体多呈微酸至中性。为广布种。

主要用途：常用于水体绿化。幼嫩茎叶可作蔬菜食用，也可作草食性鱼类及家禽饲料；菹草对锌有较高的富集能力。

光叶眼子菜 *Potamogeton lucens*

科属 眼子菜科眼子菜属

别名 丝草、尖叶眼子菜

形态特征：多年生沉水草本，具根茎。茎圆柱形，上部多分枝，下部节间伸长，可达 20 cm；叶片质薄，基部楔形；叶脉 5~9 条，中脉粗大而显著；托叶大而显著，与叶片离生，常宿存；穗状花序顶生，具花多轮，密集；花序梗明显膨大呈棒状；花小，被片 4；雌蕊 4，离生；果实卵形。花果期 6~10 月。

生境与分布：生于湖泊、沟塘等静水水体，水体多呈微酸至中性。为广布种。

主要用途：可作饲料和绿肥。

泽泻科 Alismataceae

皇冠草 *Echinodorus grisebachii*

科属 泽泻科刺果泽泻属

别名 亚马逊剑草、王冠草

形态特征：多年生沉水草本。株高可达 50 cm；具根茎；叶基生，呈莲座状排列，具柄，椭圆状披针形，长 30~40 cm，宽 2~3 cm，先端渐尖，全缘，亮绿色；总状花序；小花直径 10 mm，白色；花瓣 3；雄蕊 6~9；瘦果。花期 6~9 月。

生境与分布：广泛分布于南美洲的巴西、阿根廷、乌拉圭等地。我国一些地方有栽培。

主要用途：为观赏植物。

水金英 *Hydrocleys nymphoides*

科属 泽泻科水金英属

别名 水罂粟

形态特征：株高 5 cm，茎圆柱形。根自水中茎节处发出；叶簇生于茎上，叶片呈卵形至近圆形，具长柄，长 4~8 cm，宽 3~6 cm，顶端圆钝，基部心形，全缘；叶柄圆柱形，有横隔；伞形花序，小花具长柄，罂粟状，花黄色；蒴果披针形；种子马蹄形。花期 6~9 月。

生境与分布：常生活于池沼、湖泊、塘溪中。原产于中美洲、南美洲。

主要用途：为庭园水体绿化植物。

矮慈姑 *Sagittaria pygmaea*

科属 泽泻科慈姑属

别名 凤梨草、瓜皮草、线叶慈姑

形态特征：一年生，稀多年生沼生或沉水草本。叶条形，稀披针形，长 2~30 cm，宽 0.2~1 cm，先端渐尖，或稍钝，基部鞘状；花葶高 5~35 cm，直立，通常挺水；花序总状，花单性，宿存，内轮花被片白色；雌花 1 朵，单生，或与 2 朵雄花组成 1 轮，心皮多数，密集成球状；雄花具梗，雄蕊多；瘦果，具翅。花果期 5~11 月。

生境与分布：生于沼泽、水田、沟溪浅水处。为广布种。

主要用途：全草入药，有清热、解毒、利尿的功效。主治疮毒、湿疹、喉炎。

野慈姑 *Sagittaria trifolia*

科属 泽泻科慈姑属

别名 狭叶慈姑、三脚剪、水芋、水慈姑

形态特征：多年生水生或沼生草本。挺水叶箭形，叶片长短、宽窄变异很大；花葶直立，挺水；花序总状或圆锥状，具花多轮，每轮 2~3 朵花；苞片 3 枚；花单性，雌花通常 1~3 轮，心皮多数；雄花多轮，花梗斜举，雄蕊多数；瘦果。花果期 5~10 月。

生境与分布：生于湖泊、池塘、沼泽、沟渠、水田等水域。除西藏等少数地区未见到标本外，几乎全国各地均有分布。

主要用途：可入药，有解毒疗疮、清热利胆的功效，主治黄疸、瘰疬、毒蛇咬伤。

华夏慈姑 *Sagittaria trifolia* subsp. *leucopetala*

科属 泽泻科慈姑属

别名 白茨姑、草慈姑、水慈、水芋

形态特征：植株高大，粗壮。叶片宽大；匍匐茎末端膨大呈球茎，球茎卵圆形或球形；圆锥花序高大，长 20~60 cm，有时可达 80 cm 以上，着生于下部，具 1~2 轮雌花，主轴雌花 3~4 轮，位于侧枝之上；雄花多轮，组成大型圆锥花序；果期花托扁球形。

生境与分布：我国长江以南各省区广泛栽培。日本、朝鲜亦有栽培。

主要用途：球茎可作蔬菜食用。

水鳖科 Hydrocharitaceae

黑藻 *Hydrilla verticillata*

科属 水鳖科黑藻属

别名 水王孙、温丝草、灯笼薇

形态特征： 多年生沉水草本。茎圆柱形，质较脆；苞叶多数，螺旋状紧密排列，白色或淡黄绿色，狭披针形至披针形；叶3~8枚轮生，线形或长条形；花单性，雌雄同株或异株；雄佛焰苞近球形；雄花萼片3，白色；花瓣3，白色或粉红色；雄蕊3；雄花成熟后自佛焰苞内放出，漂浮于水面开花；雌佛焰苞管状；果实圆柱形。花果期5~10月。

生境与分布： 生于淡水中。为广布种。

主要用途： 为重要的水生植物和沉水观赏植物。

水鳖 *Hydrocharis dubia*

科属 水鳖科水鳖属

别名 马尿花、白苹、浮水莲

形态特征： 浮水草本。叶簇生，多漂浮；叶片心形或圆形，远轴面有蜂窝状储气组织，并具气孔；雄花序腋生；佛焰苞2枚，膜质，具红紫色条纹，苞内雄花5~6朵，每次仅1朵开放；花瓣3，黄色；雌佛焰苞小，苞内雌花1朵；花瓣3，白色；果实浆果状。花果期8~10月。

生境与分布： 生于静水池沼中。产于我国大部分地区。

主要用途： 供栽培观赏。可作饲料及用于沤绿肥。幼叶柄可作蔬菜。

苦草 *Vallisneria natans*

科属 水鳖科苦草属

别名 鞭子草、扁担草、韭菜草、面条草

形态特征：沉水草本植物。叶基生，线形或带形；花单性；雌雄异株；雄佛焰苞卵状圆锥形，每个佛焰苞内含雄花200余朵或更多，成熟的雄花浮在水面开放；萼片3，2片较大，成舟形浮于水上；雌佛焰苞筒状，绿色或暗紫红色，受精后螺旋状卷曲；雌花单生于佛焰苞内；花瓣3，白色；果实圆柱形。

生境与分布：生于溪沟、河流、池塘、湖泊之中。产于我国大部分地区。

主要用途：全草入药，有清热解毒、止咳祛痰、养筋和血的功效，主治急慢性支气管炎、咽炎、扁桃体炎、关节疼痛，外治外伤出血。可作鱼、鸭、猪等的饲料。亦可作观赏植物。

禾本科 Poaceae

看麦娘 *Alopecurus aequalis*

科属 禾本科看麦娘属

别名 棒棒草、道旁谷、草龙爪、三月黄草

形态特征：一年生草本。秆少数丛生，节处常膝曲，高15~40 cm；叶鞘光滑，叶舌膜质，叶片扁平；圆锥花序圆柱状，小穗椭圆形或卵状长圆形，颖膜质；花药橙黄色；颖果。花果期4~8月。

生境与分布：生于海拔较低的田边及潮湿之地。产于我国大部分省区。

主要用途：为长江流域、西南及华南等地区稻茬麦、油菜田危害最为严重的杂草。全草入药，有利湿、解毒消肿的功效，主治水肿、水痘、小儿消化不良、泄泻。

荩草 *Arthraxon hispidus*

科属 禾本科荩草属

别名 绿竹、黄草、菅草

形态特征：一年生草本。秆细弱，高 30~60 cm，具多节，常分枝；叶鞘短于节间，生短硬疣毛；叶片卵状披针形，基部心形，抱茎；总状花序；第一颖草质；第二颖近膜质，舟形；第二外稃近基部伸出一膝曲的芒；雄蕊 2；颖果。花果期 9~11 月。

生境与分布：遍布全国各地及旧大陆的温暖区域，变异性甚大，生于山坡草地阴湿处。

主要用途：荩草主要色素成分为荩草素、木犀草素，与灰汁、铝盐、锡盐媒染得黄色，可用于丝、毛织物染色。入药，有止咳、定喘、杀虫、治恶疮疥癣的功效。

芦竹 *Arundo donax*

科属 禾本科芦竹属

别名 荻芦竹、江苇、旱地芦苇

形态特征：多年生草本，具发达根状茎。秆粗大直立，高 3~6 m，坚韧，具多数节，常生分枝；叶鞘长于节间；叶片扁平，基部白色，抱茎；圆锥花序极大型；含 2~4 朵小花；外稃背面中部以下密生长柔毛；雄蕊 3，颖果细小黑色。花果期 9~12 月。

生境与分布：生于河岸道旁、砂质土壤上。为广布种。

主要用途：秆可制成管乐器中的簧片。茎是制优质纸浆和人造丝的原料，也是良好的青饲料。

野燕麦 *Avena fatua*

科属 禾本科燕麦属

别名 乌麦、铃铛麦

形态特征：一年生草本。秆直立，光滑无毛，高 60~120 cm，具 2~4 节；叶鞘松弛；叶舌透明膜质；叶片扁平；圆锥花序开展，金字塔形，长 10~25 cm；小穗含 2~3 朵小花；颖草质；外稃质地坚硬；颖果被淡棕色柔毛，腹面具纵沟。花果期 4~9 月。

生境与分布：生于荒芜田野或为田间杂草。为广布种。

主要用途：有补虚、敛汗、止血的功效，主治自汗、盗汗、虚汗不止、吐血、崩漏。可作牧草。印第安人以其种子供食用。

雀麦 *Bromus japonicus*

科属 禾本科雀麦属

别名 瞌睡草、山大麦、野燕麦

形态特征：一年生。秆直立，高 40~90 cm；叶鞘闭合；叶舌先端近圆形；圆锥花序疏展，长 20~30 cm，宽 5~10 cm，具 2~8 分枝，向下弯垂；小穗黄绿色，密生 7~11 朵小花；小穗轴短棒状；颖果。花果期 5~7 月。

生境与分布：生于山坡林缘、荒野路旁、河漫滩湿地，海拔 50~3500 m。为广布种。

主要用途：为常见杂草。

薏苡 *Coix lacryma-jobi*

科属 禾本科薏苡属

别名 草菩提、草鱼目、草珠儿、草珠珠

形态特征：一年生粗壮草本。秆直立丛生，高 1~2 m，具 10 多节；叶鞘短于其节间；叶舌干膜质；叶片扁平宽大；总状花序腋生成束，直立或下垂，具长梗；雌小穗位于花序的下部，外面包以骨质念珠状的总苞；颖果小；雄小穗 2~3 对，着生于总状花序上部。花果期 6~12 月。

生境与分布：常见于湿润的屋旁、池塘、河沟、山谷、溪涧或受涝的农田等。为广布种。

主要用途：全草入药，有补正气、利肠胃、消肿、除胸中邪气的功效，主治久患风挛痹痛。本种为念佛穿珠用的菩提珠子，总苞坚硬，美观，工艺价值高。

橘草 *Cymbopogon goeringii*

科属 禾本科香茅属

别名 桔草、茅草、香茅、香草

形态特征：多年生草本。秆直立丛生，高 60~100 cm，具 3~5 节，节下被白粉或微毛；叶鞘无毛，下部者聚集于秆基；叶片线形，扁平；伪圆锥花序；佛焰苞长 1.5~2 cm，带紫色；总状花序长 1.5~2 cm；第一颖背部扁平，第二外稃中部膝曲；雄蕊 3，柱头帚刷状。花果期 7~10 月。

生境与分布：生于海拔 1500 m 以下的丘陵山坡草地、荒野和平原路旁。为广布种。

主要用途：具有较高的饲用价值。

狗牙根 *Cynodon dactylon*

科属 禾本科狗牙根属

别名 百慕达绊根草、爬根草、感沙草

形态特征：低矮草本，具根茎。秆细而坚韧，下部匍匐于地面蔓延甚长，节上常生不定根；叶鞘微具脊，无毛或有疏柔毛；叶片线形；穗状花序；小穗仅含1朵小花；颖的背部成脊而边缘膜质；内稃与外稃近等长；花药淡紫色；柱头紫红色；颖果。花果期5~10月。

生境与分布：多生长于村庄附近、道旁河岸、荒地山坡。广布于我国黄河以南各省。全世界温暖地区均有分布。

主要用途：为优良牧草，也是良好的固堤保土植物，并常用以铺建草坪或球场。生长于果园或耕地时，则为难除灭的有害杂草。

龙爪茅 *Dactyloctenium aegyptium*

科属 禾本科龙爪茅属

别名 竹目草、埃及指梳茅

形态特征：一年生草本，直立或匍匐状，多分枝。叶片线形，叶缘及叶背被有软毛，叶鞘扁平无毛，叶舌膜质，具纤毛；花序为穗状花序，2~7个呈指状排列，一般为4个；第一颖沿脊龙骨状凸起上具短硬纤毛，第二颖顶端具短芒；颖果。花果期5~10月。

生境与分布：多生于山坡或草地。为广布种。

主要用途：有药用功能，主治脾气不足、劳倦伤脾、气短乏力、纳食减少。

马唐 *Digitaria sanguinalis*

科属 禾本科马唐属

别名 大抓根草、鸡爪子草、俭草

形态特征：一年生杂草。秆直立或下部倾斜，膝曲上升，高 10~80 cm；叶片线状披针形；总状花序；小穗椭圆状披针形；第一颖小，短三角形，第二颖具 3 脉，披针形；第一外稃等长于小穗，第二外稃近革质。花果期 6~9 月。

生境与分布：广泛生长在田边、路旁、沟边、河滩、山坡等各类草本群落中。产于我国西藏、四川、新疆、陕西、甘肃、山西、河北、河南及安徽等地。

主要用途：有明目润肺的功效，主治目暗不明、肺热咳嗽。为良好的饲草。

长芒稗 *Echinochloa caudata*

科属 禾本科稗属

别名 稗草、红毛稗、长尾稗

形态特征：秆高 1~2m。叶鞘无毛或常有疣基毛，或仅有粗糙毛或仅边缘有毛；叶片线形；圆锥花序稍下垂；小穗脉上具硬刺毛，有时疏生疣基毛；第一颖具 3 脉；第二颖，顶端具芒，具 5 脉；第一外稃草质，第二外稃革质；雄蕊 3；花柱基分离。花果期 7~10 月。

生境与分布：生于水边、湿地、水田和水田边。为广布种。

主要用途：为水田主要杂草。

光头稗 *Echinochloa colona*

科属 禾本科稗属

别名 芒稷、扒草、穇草

形态特征： 一年生草本。秆直立，高 10~60 cm；叶鞘压扁而背具脊；叶舌缺；叶片扁平，线形；圆锥花序狭窄；花序分枝长 1~2 cm；小穗卵圆形，具小硬毛，无芒；第一颖三角形，具 3 脉；第二颖与第一外稃等长而同形，顶端具小尖头，具 5~7 脉；第一小花常中性，内稃膜质；第二外稃椭圆形，包着同质的内稃。花果期夏秋季。

生境与分布： 多生于田野、园圃、路边湿润地上。全国各水稻产区均有分布。分布于全世界的温暖地区。

主要用途： 可作饲料。为稻田危害最严重的一类杂草。

稗 *Echinochloa crusgalli*

科属 禾本科稗属

别名 稗子、稗草、扁扁草

形态特征：一年生草本。秆高 50~150 cm；叶鞘疏松裹秆；叶舌缺；叶片扁平，线形；圆锥花序直立，近尖塔形；第一颖三角形；第二颖与小穗等长，先端渐尖或具小尖头，具 5 脉，脉上具疣基毛；第一小花通常中性，其外稃草质，顶端延伸成一粗壮的芒，芒长 0.5~3 cm；第二外稃椭圆形。花果期夏秋季。

生境与分布：多生于沼泽地、沟边及水稻田中。分布几遍全国，以及全世界温暖地区。

主要用途：以全草、根、种子等入药。根、苗：调经止血，主治鼻衄、便血、月经过多、产后出血。种子：益气、健脾、透疹止咳、补中利水，主治麻疹、水痘、百日咳、脱肛、浮肿。鲜稗草连根捣烂外敷，或干草焙研细末，撒于伤口，可止血。

无芒稗 *Echinochloa crusgalli* var. *mitis*

科属 禾本科稗属

别名 落地稗、搔日归、旱稗

形态特征：秆高 50~120 cm，直立，粗壮；叶片长 20~30 cm，宽 6~12 mm；圆锥花序直立，长 10~20 cm，分枝斜上举而开展，常再分枝；小穗卵状椭圆形，长约 3 mm，无芒或具极短芒，芒长常不超过 0.5 mm，脉上被疣基硬毛。

生境与分布：多生于水边或路边草地上。为广布种。

主要用途：为常见的湿地植物，大量繁殖对农作物有影响。

牛筋草 *Eleusine indica*

科属　禾本科䅟属

别名　千千踏、忝仔草

形态特征：一年生草本，高 15~90 cm。秆丛生；叶片扁平或卷折；叶鞘压扁，具脊；穗状花序，常为数个呈指状排列（罕为 2 个）于茎顶端；小穗有花 3~6 朵，第一颖长 1.5~2 mm，第二颖长 2~3 mm；种子矩圆形，近三角形。花果期 6~10 月。

生境与分布：生于村边、旷野、田边、路边，广布于全国各地。

主要用途：有清热、利湿之功效，主治伤暑发热、小儿急惊、黄疸、痢疾、淋病、小便不利，并能防治乙脑。为常见杂草。

柯孟披碱草 *Elymus kamoji*

科属　禾本科披碱草属

别名　弯穗鹅观草、垂穗鹅观草、弯穗大麦草

形态特征：秆直立或基部倾斜，高 30~100 cm。叶鞘外侧边缘常具纤毛；叶片扁平；穗状花序长 7~20 cm，弯曲或下垂；小穗含 3~10 朵小花；颖卵状披针形至长圆状披针形，第一颖长 4~6 mm，第二颖长 5~9 mm；外稃披针形，具有较宽的膜质边缘；内稃约与外稃等长，先端钝头。

生境与分布：多生长在海拔 100~2300 m 的山坡和湿润草地。除青海、西藏等地外，分布几遍全国。

主要用途：可作牲畜的饲料，也是良好的水土保持植物。

知风草 *Eragrostis ferruginea*

科属 禾本科画眉草属

别名 香草

形态特征：多年生草本。秆丛生或单生，直立或基部膝曲，高 30~110 cm；叶鞘两侧极压扁；圆锥花序大而开展，分枝节密；小穗长圆形，有 7~12 朵小花，多带黑紫色；第一颖披针形，第二颖长披针形；颖果棕红色。花果期 8~12 月。

生境与分布：常见于平地、丘陵和山地排水良好或较干燥的地段。

主要用途：以根入药，有活血散瘀的功效，主治跌打损伤。可作为牛、马、羊的饲料。为很好的水土保持植物。

水禾 *Hygroryza aristata*

科属 禾本科水禾属

别名 鱼鳔草、鱼球草、鲫鱼草

形态特征：水生漂浮草本；根状茎细长，节上生羽状须根。茎露出水面的部分长约 20 cm；叶鞘膨胀；叶舌膜质；叶片卵状披针形；圆锥花序；小穗含 1 朵小花，颖不存在，外稃草质；内稃与其外稃同质且等长；鳞被 2；雄蕊 6，花药黄色。秋季开花。

生境与分布：生于池塘湖沼和小溪流中。产于我国广东、海南、福建、台湾等地。也分布于印度、缅甸和东南亚地区。

主要用途：可作猪、鱼及牛的饲料。

白茅 *Imperata cylindrica*

科属 禾本科白茅属

别名 茅、茅针、茅根

形态特征：多年生草本。秆直立，高30~80 cm；叶鞘聚集于秆基，叶舌膜质；圆锥花序稠密，长20 cm，宽达3 cm；两颖草质，常具纤毛，脉间疏生长丝状毛，第一外稃卵状披针形，第二外稃与其内稃近相等；雄蕊2，柱头2，羽状；颖果。花果期4~6月。

生境与分布：生于低山带平原河岸草地、沙质草甸、荒漠与海滨。为广布种。

主要用途：中药白茅根主治吐血、衄血、尿血、小便不利、热淋涩痛、急性肾炎、水肿、湿热黄疸、胃热呕吐、肺热咳嗽，花序主治衄血、吐血、鼻塞、刀箭金疮、蒙药白茅根治尿闭、淋病、水肿、中毒症、体虚，以及各种出血。

假稻 *Leersia japonica*

科属 禾本科假稻属

别名 水游草

形态特征：多年生草本，高达80 cm。秆下部伏卧而上部斜升直立，节处密生倒毛；叶片长5~15 cm，宽4~8 mm，粗糙；叶鞘通常短于节间；圆锥花序；外稃具5脉，脊具刺毛，内稃具3脉，中脉亦具刺毛；雄蕊6。花果期5~10月。

生境与分布：生于池塘、水田、溪沟湖旁水湿地。为广布种。

主要用途：有除湿、利水的功效，主治风湿麻痹、下肢浮肿。为常见杂草。

千金子 *Leptochloa chinensis*

科属 禾本科千金子属

别名 雀儿舌头、畔茅、绣花草

形态特征：一年生草本。秆直立，基部膝曲或倾斜，高 30~90 cm；叶舌膜质，常撕裂具小纤毛；叶片扁平或多少卷折；圆锥花序；小穗多带紫色，含 3~7 小花；颖具 1 脉，第一颖较短而狭窄，第二颖长 1.2~1.8 mm；外稃顶端钝；颖果。花果期 8~11 月。

生境与分布：生于水田、低湿旱田及地边。为广布种。

主要用途：可作牧草。全草有行水、破血、攻积聚的功效，主治瘕症、久热不退。

黑麦草 *Lolium perenne*

科属 禾本科黑麦草属

别名 黑燕麦、麦草、宿根毒麦

形态特征：多年生草本，具细弱根状茎。秆丛生，高 30~90 cm，具 3~4 节，质软，基部节上生根；叶舌长约 2mm；叶片线形，柔软，具微毛，有时具叶耳。穗状花序直立或稍弯；颖披针形，具 5 脉，边缘狭膜质；外稃长圆形，草质，具 5 脉，顶端无芒；内稃与外稃等长；颖果。花果期 5~7 月。

生境与分布：生于草甸草场，路旁湿地常见。为广布种。

主要用途：为优质的牧草。

五节芒 *Miscanthus floridulus*

科属 禾本科芒属

别名 巴茅果、芭茅剑、大巴茅

形态特征：多年生草本。秆高大似竹，高 2~4 m；叶舌顶端具纤毛；叶片披针状线形，中脉粗壮隆起；叶缘有锯齿容易割伤皮肤；圆锥花序；第一外稃长圆状披针形，边缘具纤毛；第二外稃卵状披针形，芒长；雄蕊 3；果实呈椭圆状。花果期 5~10 月。

生境与分布：生于低海拔撂荒地、丘陵潮湿谷地和山坡或草地。为广布种。

主要用途：根状茎有利尿之功效。花序轴可以集结成扫帚。茎叶可作为屋顶材料及牧草。新芽和嫩笋可供食用。秆可作造纸原料。具观赏性。

芒 *Miscanthus sinensis*

科属 禾本科芒属

别名 荠草、白微、龙胆白薇

形态特征：多年生草本。秆直立，高 90~190 cm；节间上段常具白粉；叶舌干膜质，具纤毛；叶片线状披针形；圆锥花序疏散或稍收缩，主轴具纵棱；第一颖卵状披针形，具 3~5 脉，脊上稍粗糙，先端渐尖；第二颖等长于小穗，5 脉；第一小花雄性；第二小花两性；芒宿存，棕黄色；颖果。花果期 9~11 月。

生境与分布：分布广泛，主要分布于温带亚洲。

主要用途：主治贼风肿痹、小儿风阐、头风久痛、瘰疬结核、乳肿不消等疾病。

求米草

Oplismenus undulatifolius

科属　禾本科求米草属

别名　皱叶茅

形态特征：秆基部平卧或膝曲，节处生根，直立部分高 30~50 cm；叶鞘遍布疣基刺毛，或仅边缘具纤毛；叶舌膜质；叶片披针形；圆锥花序；第一颖具 3 脉，第二颖具 5 脉；颖果椭圆形。花果期 7~11 月。

生境与分布：喜生于阴湿的林子、路边，也分布在低山丘陵地。分布于我国南北各地。

主要用途：常作牧草。

糠稷 *Panicum bisulcatum*

科属　禾本科黍属

别名　糠黍、粮稷、糖稷、糖黍

形态特征：一年生草本。秆纤细，高 0.5~1 m，直立或基部伏地，节上可生根；叶舌膜质，顶端具纤毛；叶片质薄，狭披针形；圆锥花序；小穗椭圆形；第一颖近三角形，长约为小穗的 1/2；第二颖与第一外稃同形并且等长；第一内稃缺；第二外稃椭圆形。花果期 9~11 月。

生境与分布：生于山坡、路旁潮湿地、水边。为广布种。

主要用途：为常见杂草。

双穗雀稗 *Paspalum distichum*

科属 禾本科雀稗属

别名 双耳草、双稳雀稗、铜线草

形态特征：多年生草本。匍匐茎横走，向上直立部分高 20~40 cm，节生柔毛；叶鞘短于节间；叶片披针形；总状花序 2 枚对连；小穗倒卵状长圆形；第一颖退化或微小，第二颖贴生柔毛；第一外稃具 3~5 脉；第二外稃草质。花果期 5~9 月。

生境与分布：生于田边、路旁。为广布种。

主要用途：牧草和恶性杂草。

雀稗 *Paspalum thunbergii*

科属 禾本科雀稗属

别名 鱼眼草、猪儿草、鲫鱼草

形态特征：多年生禾草。秆通常丛生，稀为单生，直立或倾斜，高 25~50 cm；叶鞘松弛，具脊；叶舌褐色；叶片条状披针形；总状花序，呈总状排列于主轴上，小穗近圆形；第一颖缺，第二颖与第一稃相似。花果期 5~10 月。

生境与分布：生于荒野潮湿草地。为广布种。

主要用途：常作牧草。

狼尾草 *Pennisetum alopecuroides*

科属 禾本科狼尾草属

别名 狼尾、守田、狼茅、小芒草

形态特征：多年生草本。秆直立，丛生，高 30~120 cm；叶片线形，基部生疣毛；圆锥花序直立；主轴密生柔毛；第一颖微小或缺，膜质；第二颖卵状披针形；第一小花中性，第一外稃与小穗等长；第二外稃也与小穗等长；雄蕊 3；颖果。花果期夏秋季。

生境与分布：多生于海拔 50~3200 m 的田岸、荒地、道旁及小山坡上。为广布种。

主要用途：可固堤防沙，也可作饲料，也是编织或造纸的原料。

显子草 *Phaenosperma globosum*

科属 禾本科显子草属

别名 岩高粱、乌珠茅

形态特征：多年生草本，高 1~1.5 m。秆单生或少数丛生，直立，具 4~5 节；叶片长披针形；叶舌质硬，长达 2.5 cm；圆锥花序长达 40 cm；小穗含 1 花，侧生于分枝上；颖膜质，第一、二颖均有 3 脉；内稃略短于外稃；颖果倒卵形。花期 5~7 月。

生境与分布：生于山坡林下、山谷溪旁及路边草丛，海拔 150~1800 m。为广布种。

主要用途：有补虚健脾、活血调经之功效，主治病后体虚、闭经。

芦苇 *Phragmites australis*

科属 禾本科芦苇属

别名 苇、芦、芦笋

形态特征：多年生草本。秆直立；叶鞘下部者短于上部者，长于其节间；叶片披针状线形；圆锥花序大型，着生稠密下垂的小穗；小穗含 4 朵花；颖具 3 脉，第一颖长 4 mm，第二颖长约 7 mm；第一不孕外稃雄性，第二外稃具 3 脉；内稃两脊粗糙；雄蕊 3；颖果。

生境与分布：生长在灌溉沟渠旁、河堤沼泽地等低湿地或浅水中，世界各地均有分布。

主要用途：全草入药，具有清胃火、除肺热、健胃、镇呕、利尿之功效。为优良牧草和保土固堤植物。苇秆可作造纸和人造丝、人造棉原料，叶可供编织席、帘等用；嫩芽可食用；叶可做粽子；外面包的叶子花絮可做扫帚；花絮可填枕头。为观赏植物。

楠竹 *Phyllostachys edulis*

科属 禾本科刚竹属

别名 江南竹、猫竹、茅竹、毛竹

形态特征：地下茎为单轴型。秆高 11~13 (26) m，粗 8~11(20) cm，秆环平，箨环突起，节间（不分枝的）为圆筒形，长 30~40 cm；箨鞘厚革质；箨叶窄长形，基部向上凹入；叶在每小枝 2~8 片，叶片窄披针形；花枝单生，小穗丛形如穗状花序，外被有覆瓦状的佛焰苞；小穗含 2 朵花。

生境与分布：分布于长江流域各省及河南、陕西。

主要用途：广泛应用于建筑、装饰、造纸等方面。笋可食用。

早熟禾 *Poa annua*

科属　禾本科早熟禾属

别名　小青草、小鸡草、冷草

形态特征：秆直立或倾斜，高 6~30 cm。叶鞘稍压扁，中部以下闭合；叶片扁平或对折；圆锥花序宽卵形；小穗卵形，含 3~5 朵小花；第一颖具 1 脉，第二颖具 3 脉；内稃与外稃近等长，两脊密生丝状毛；颖果纺锤形。花期 4~5 月，果期 6~7 月。

生境与分布：生于平原和丘陵的路旁草地、田野水沟或荫蔽荒坡湿地。为广布种。

主要用途：各种家畜都喜采食。

棒头草 *Polypogon fugax*

科属　禾本科棒头草属

别名　狗尾稍草、麦毛草、露水草

形态特征：一年生草本。秆丛生，高 10~75 cm；叶鞘光滑无毛；叶舌膜质，叶片扁平；圆锥花序穗状，长圆形或卵形，较疏松，具缺刻或有间断，分枝长可达 4 cm；颖长圆形，疏被短纤毛；雄蕊 3；颖果椭圆形。花果期 4~9 月。

生境与分布：生于海拔 100~3600 m 的山坡、田边、潮湿处。产于我国南北各地。

主要用途：为农田常见杂草，主要危害小麦、油菜和蔬菜等作物。

大狗尾草 *Setaria faberi*

科属 禾本科大狗尾草属

别名 法氏狗尾草

形态特征：一年生草本，通常具支柱根。秆粗壮而高大，直立或基部膝曲；叶片线状披针形；圆锥花序紧缩呈圆柱状，通常垂头，主轴具较密长柔毛；小穗椭圆形，刚毛通常绿色；第一颖长为小穗的 1/3~1/2；第二颖长为小穗的 3/4 或稍短于小穗，内稃膜质；颖果。花果期 7~10 月。

生境与分布：生于山坡、路旁、田园或荒野。为广布种。

主要用途：可作牲畜饲料。

金色狗尾草 *Setaria pumila*

科属 禾本科狗尾草属

别名 金狗尾、硬稃狗尾草

形态特征：一年生草本，单生或丛生。秆直立或基部倾斜膝曲，高 20~90 cm；叶鞘下部压扁具脊，边缘薄膜质；叶片线状披针形或狭披针形；圆锥花序紧密呈圆柱状或狭圆锥状，直立，主轴具短细柔毛，刚毛金黄色或稍带褐色，粗糙；第二小花两性，外稃革质。花果期 6~10 月。

生境与分布：生于较潮湿农田、沟渠或路旁。为世界广布种植物。

主要用途：有清热明目、止泻之功效，主治目赤肿痛、眼弦赤烂、痢疾。可作家畜饲料。

狗尾草 *Setaria viridis*

科属 禾本科狗尾草属

别名 南狸藻、鱼刺草、鱼刺藻

形态特征：一年生草本。秆直立或基部膝曲，高 10~100 cm；叶鞘松弛，边缘具较长的密绵毛状纤毛；叶片扁平，长三角状狭披针形或线状披针形；圆锥花序，直立或稍弯垂，刚毛长 4~12mm；第一颖卵形、宽卵形；第二颖几与小穗等长；颖果灰白色。花果期 5~10 月。

生境与分布：生于海拔 4000 m 以下的荒野、道旁。广布于全世界的温带和亚热带地区。

主要用途：为旱地作物常见的一种杂草。秆、叶可作饲料，也可入药，主治痈瘀、面癣。全草加水煮沸 20 min 后，滤出液可喷杀菜虫；小穗可提炼糠醛。

高粱 *Sorghum bicolor*

科属 禾本科高粱属

别名 蜀黍、荻粱、茭子

形态特征：一年生草本。秆较粗壮，直立，高 3~5 m，基部节上具支撑根；叶舌硬膜质；叶片线形至线状披针形；圆锥花序疏松，主轴裸露，长 15~45 cm，宽 4~10 cm，总梗直立或微弯曲；两颖均革质，初时黄绿色，成熟后为淡红色至暗棕色；雄蕊 3；花柱分离，柱头帚状；颖果，淡红色至红棕色。花果期 6~9 月。

生境与分布：原产于热带。我国南北各省区均有栽培。

主要用途：能和胃、健脾、止泻，有固涩肠胃、抑制呕吐、益脾温中、催治难产等功效，主治食积、消化不良、湿热、下沥、小便不利、妇女倒经、胎产不下等。在中国、朝鲜、俄罗斯、印度及非洲等地皆为重要粮食。高粱也是酿酒的重要原料。

黄背草 *Themeda triandra*

科属 禾本科菅属

别名 阿拉伯黄背草、黄背茅、菅草

形态特征： 多年生草本。秆高约60 cm；叶鞘扁压具脊，具瘤基柔毛；叶片线形，长10~30 cm，宽3~5 mm，基部具瘤基毛；伪圆锥花序狭窄，由具线形佛焰苞的总状花序组成，佛焰苞长约3 cm；总状花序长约1.5 cm，由7个小穗组成，基部2对总苞状。花果期6~9月。

生境与分布： 生于海拔2000~2500 m的林缘草地。广布于旧大陆热带至暖温带。

主要用途： 常用作园林绿化植物。

菰 *Zizania latifolia*

科属 禾本科菰属

别名 茭白、菜茭、包茭笋

形态特征： 多年生草本，具匍匐根状茎。秆高大直立，高1~2 m，具多数节，基部节上生不定根；叶鞘长于其节间，肥厚；叶舌膜质；叶片扁平宽大；圆锥花序；雄小穗着生于花序下部或分枝的上部，外稃具5脉，内稃具3脉，具毛，雄蕊6；雌小穗圆筒形，着生于花序上部和分枝下方与主轴贴生处，外稃的5脉粗糙，芒长20~30 cm，内稃具3脉。颖果。

生境与分布： 水生或沼生，常见栽培。为广布种。

主要用途： 全株可入药。茭白：有清热除烦、止渴、通乳、利大小便的功效，主治热病烦渴、酒精中毒、二便不利、乳汁不通。菰根：有清热解毒的功效，主治消渴、烫伤。茭白可作美味的蔬菜。全草为优良的饲料，为鱼类的越冬场所。也是固堤造陆的先锋植物。

莎草科 Cyperaceae

长叶苔草 *Carex hattoriana*

科属 莎草科苔草属

别名 无

形态特征：根状茎短。秆丛生，高 60~100 cm，三棱形；叶基生，较秆长，具鞘；苞片下面的叶状，上面的刚毛状；雄花部分长于雌花部分，狭披针形；雌花鳞片长圆状卵形，膜质；果囊近于直立，膜质，栗褐色，喙口具两短齿。小坚果。

生境与分布：生于低海拔处的林下或林缘。产于我国台湾，也分布于日本。

主要用途：可用作园林地被植物栽培。

扁穗莎草 *Cyperus compressus*

科属 莎草科莎草属

别名 硅子叶莎草、沙田草、水虱草

形态特征： 丛生草本。秆稍纤细，高5~25 cm，锐三棱形；叶短于秆，或与秆几等长；叶鞘紫褐色；苞片 3~5 枚，叶状，长于花序；穗状花序近于头状；小穗排列紧密，线状披针形，近于四棱形，具 8~20 朵花；雄蕊 3；花柱长，柱头 3；小坚果倒卵形，三棱形。花果期 7~12 月。

生境与分布： 多生长于空旷的田野里。为广布种。

主要用途： 全草入药，有养心、调经行气的功效。外用于跌打损伤。

砖子苗 *Cyperus cyperoides*

科属 莎草科莎草属

别名 滇西莎草

形态特征： 多年生草本。秆疏丛生，高20~60 cm，锐三棱形，基部膨大；叶短于秆，线状披针形，叶鞘褐色或红棕色；花序下具叶状苞片 5~8 枚；穗状花序圆筒形或长圆形，具多数密生的小穗；鳞片膜质；坚果狭长圆形或三棱形。抽穗期为夏、秋季。

生境与分布： 生长于山坡阳处、田野、路旁草地、溪边以及松林下，海拔200~3200 m。产于我国大部分地区。

主要用途： 具有止咳化痰、宣肺解表的功效，主治风寒感冒、咳嗽痰多等。

异型莎草 *Cyperus difformis*

科属 莎草科莎草属

别名 鹅五子、球穗莎草、异形莎草

形态特征：一年生草本。秆丛生，高 2~65 cm，扁三棱形；叶短于秆，叶鞘稍长；苞片 2 枚，少 3 枚，叶状，长于花序；头状花序球形，具极多数小穗；小穗具 8~28 朵花；鳞片膜质；雄蕊 2，有时 1 枚；小坚果，三棱形。花果期 7~10 月。

生境与分布：常生长于稻田中或水边潮湿处。在我国广为分布。

主要用途：全草入药，有行气、活血、通淋、利小便的功效，主治热淋、小便不利、跌打损伤、吐血。

风车草 *Cyperus involucratus*

科属 莎草科莎草属

别名 水竹

形态特征：根状茎短，粗大。秆稍粗壮，高 30~150 cm，近圆柱状，基部包裹以无叶的鞘，鞘棕色；小穗密集于第二次辐射枝上端，具 6~26 朵花；小穗轴不具翅；鳞片紧密地呈覆瓦状排列，膜质；雄蕊 3，花药线形；花柱短，柱头 3。小坚果。

生境与分布：生于森林、草原地区的大湖、河流边缘的沼泽中。原产于马达加斯加，我国南北各省均见栽培。

主要用途：有行气活血、退黄解毒的功效，主治瘀血作痛、蛇虫咬伤。为观赏植物。

碎米莎草 *Cyperus iria*

科属 莎草科莎草属

别名 三方草

形态特征：一年生草本。秆丛生，高 8~85 cm，扁三棱形。叶片长线形，叶鞘红棕色；叶状苞片 3~5 枚；长侧枝聚伞花序复出，辐射枝 4~9 枚，每一辐射枝具 5~10 个穗状花序；穗状花序长 1~4 cm；小穗具花 6~22 朵；雄蕊 3；小坚果。花果期 6~10 月。

生境与分布：生长于田间、山坡、路旁阴湿处。我国大部分地区有分布。

主要用途：为常见的恶性杂草。

香附子 *Cyperus rotundus*

科属 莎草科莎草属

别名 草附子、地沟草、水香棱、猪荸荠

形态特征： 匍匐根状茎。秆高15~95 cm，锐三棱形；叶状苞片2~3(5)枚，常长于花序，或有时短于花序；穗状花序轮廓为陀螺形，具3~10个小穗；小穗具8~28朵花；花柱长，柱头3；小坚果。花果期5~11月。

生境与分布： 生长于山坡荒地草丛中或水边潮湿处。产于我国大部分省区。

主要用途： 块茎入药，称"香附子"，有理气解郁、调经止痛的功效，主治胃痛、消化不良、月经不调等妇科病症。

荸荠 *Eleocharis dulcis*

科属 莎草科荸荠属

别名 苾荠、地梨、地栗、马蹄、慈姑

形态特征： 匍匐根状茎，在匍匐根状茎的顶端生块茎。秆多数，丛生，直立，圆柱状，高15~60 cm，有多数横隔膜，光滑无毛；鞘近膜质；小穗顶生，圆柱状，有多数花；下位刚毛7条；柱头3；小坚果。花果期5~10月。

生境与分布： 原产于印度，在我国主要分布于广西、江苏、安徽、浙江、广东、湖南、湖北、江西、贵州等低洼地区。

主要用途： 食用，口感甜脆，营养丰富。有预防急性传染病、清热泻火、凉血解毒、利尿通便祛痰、消食除胀、调理痔疮、辅助退烧等功效，主治痢疾便血、妇女崩漏、阴虚肺燥、痰热咳嗽、咽喉不利、痞块积聚、目赤障翳。

龙师草 *Eleocharis tetraquetra*

科属 莎草科荸荠属

别名 龙须草、牛毛毡、四角蔺

形态特征：有时有短的匍匐根状茎。秆多数，丛生，锐四棱柱状；叶缺如，只在秆的基部有2~3个叶鞘；鞘膜质；柱头3；小坚果倒卵形或宽倒卵形，微扁三棱形；花柱基圆锥形，扁三棱形。花果期9~11月。

生境与分布：生长于水塘边或沟旁水边。为广布种。

主要用途：常见杂草。

牛毛毡 *Eleocharis yokoscensis*

科属 莎草科荸荠属

别名 地毛、毛草蕴、牛毛草

形态特征：匍匐根状茎非常细。叶鳞片状，具鞘；小穗卵形，淡紫色，只有几朵花，所有鳞片全有花；鳞片卵形，顶端急尖，两侧紫色，全部膜质；下位刚毛1~4条，长为小坚果的两倍，有倒刺；柱头3；小坚果。花果期4~11月。

生境与分布：多半生长在水田中、池塘边或湿黏土中，海拔0~3000 m。几遍全国。

主要用途：有发表散寒、祛痰平喘的功效，主治感冒咳嗽、痰多气喘、咳嗽失音。

水蜈蚣 *Kyllinga polyphylla*

科属　莎草科水蜈蚣属

别名　草含珠、顶棍草、顶天珠、顶绣草

形态特征：秆成列地散生，高 7~20 cm。扁三棱形，具 4~5 个圆筒状叶鞘；叶状苞片 3 枚，后期常向下反折；穗状花序单个，极少 2 或 3 个，球形或卵球形，具极多数密生的小穗；鳞片膜质；雄蕊 1~3；小坚果。花果期 5~9 月。

生境与分布：生长于海拔 600 m 以下的山坡荒地、路旁草丛、田边草地、溪边、海边沙滩上。产于我国大部分地区。

主要用途：有疏风解表、清热利湿、止咳化痰、祛瘀消肿的功效，主治疟疾、感冒、支气管炎、百日咳、痢疾、肝炎、乳糜尿、热淋、沙淋、肾炎、风湿关节炎、疔疮等症。

百球藨草 *Scirpus rosthornii*

科属　莎草科藨草属

别名　白球藨草、百球荆三棱、百球鹿草

形态特征：根状茎短。秆粗壮，高 70~100 cm，坚硬，三棱形，有节，节间长，具秆生叶；叶鞘长 3~12 cm；叶状苞片 3~5 枚，常长于花序；多次复出长侧枝聚散花序大；4~15 个小穗聚合成头状着生于辐射枝顶端；小坚果，双凸状，黄色。花果期 5~9 月。

生境与分布：生长于海拔 600~2400 m 林中、林缘、山坡、山脚、路旁、湿地、溪边及沼泽地。产于我国浙江、湖北、福建、广东、四川及云南。

主要用途：有清热解毒、凉血利水的功效。

萤蔺 *Schoenoplectus juncoides*

科属 莎草科水葱属

别名 野马蹄草、大井氏水莞、直立藨草

形态特征：丛生。秆稍坚挺，圆柱状，少数近于有棱角，基部具 2~3 个鞘；苞片 1 枚；小穗 (2)3~5(7) 个聚成头状，具多数花；鳞片宽卵形或卵形；下位刚毛 5~6 条，有倒刺；雄蕊 3；柱头 2，极少 3 个；小坚果。花果期 8~11 月。

生境与分布：生长在路旁、荒地潮湿处，或水田边、池塘边、溪旁、沼泽中，海拔 300~2000 m。除内蒙古、甘肃、西藏尚未见到外，全国各地均有分布。

主要用途：全草入药主治肺结核咯血、麻疹热毒、急性结膜炎、尿路感染。

三棱水葱 *Schoenoplectus triqueter*

科属 莎草科水葱属

别名 藨莞、藨草、三棱萤蔺、席草

形态特征：多年生草本。根状茎匍匐状，细。秆单生，粗壮，高 20~90 cm，三棱柱形；叶鞘膜质；叶片条形；苞片 1，三棱形；长侧枝聚伞花序有 1~8 个三棱形辐射枝；小穗簇生，卵形或矩圆形，膜质，黄棕色；雄蕊 3；柱头 2；小坚果倒卵形，成熟时褐色。

生境与分布：喜生于潮湿多水之地，如沟边、塘边、山谷溪畔或沼泽地。除广东未见到外，我国各省区均有分布。

主要用途：有开胃消食、清热利湿的功效，主治饮食积滞、胃纳不佳、呃逆饱胀、热淋、小便不利。全株除刈割饲用外，还是造纸和编织的原料。

棕榈科 Arecaceae

棕榈 *Trachycarpus fortunei*

科属 棕榈科棕榈属

别名 栟榈、棕树

形态特征：乔木状，高 3~10 m 或更高，树干被不易脱落的老叶柄基部和密集的网状纤维。叶片呈 3/4 圆形或者近圆形，深裂成 30~50 片具皱褶的线状剑形；花序多次分枝，雌雄异株；雄花序具有 2~3 个分枝花序；雌花序具 4~5 个圆锥状的分枝花序；果实阔肾形。花期 4 月，果期 12 月。

生境与分布：通常仅见栽培，罕见野生于疏林中，海拔上限为 2000 m 左右。分布于我国长江以南各省区。

主要用途：为庭园绿化的优良树种。棕皮纤维（叶鞘纤维），可作绳索，编蓑衣、棕绷、地毡，也可制刷子和作沙发的填充料等；嫩叶经漂白可制扇和草帽；未开放的花苞又称“棕鱼”，可供食用；棕皮及叶柄（棕板）煅炭入药有止血作用，果实、叶、花、根等亦可入药。

天南星科 Araceae

花烛 *Anthurium andraeanum*

科属 天南星科花烛属

别名 红掌、红苞、大叶红掌

形态特征：株高一般为 50~80 cm，因品种而异。具肉质根，叶从根茎抽出，单生、心形；花腋生，佛焰苞蜡质，正圆形至卵圆形，鲜红色、橙红肉色、白色，肉穗花序，圆柱状，直立。四季开花。

生境与分布：原产于哥斯达黎加、哥伦比亚等热带雨林区，常附生在树上，有时附生在岩石上或直接生长在地上。

主要用途：为高档热带切花和盆栽花卉。

一把伞南星 *Arisaema erubescens*

科属 天南星科天南星属

别名 白南星、出包米、打蛇棒、大南星

形态特征：叶片放射状分裂。佛焰苞绿色，背面有清晰的白色条纹，或淡紫色至深紫色而无条纹，管部圆筒形；雄花序的附属器下部光滑或有少数中性花；雌花序上的具多数中性花；子房卵圆形；果序柄下弯或直立，浆果红色。花期 5~7 月，果 9 月成熟。

生境与分布：生于海拔 3200 m 以下的林下、灌丛、草坡、荒地，除内蒙古、黑龙江、吉林、辽宁、山东、江苏、新疆外，我国各省区都有分布。

主要用途：有燥湿化痰、祛风止痉、散结消肿的功效，主治顽痰咳嗽、风疾眩晕、中风痰壅、口眼歪斜、半身不遂、癫痫、惊风、破伤风，外用于痈肿、蛇虫咬伤。

紫芋 *Colocasia esculenta*

科属 天南星科芋属

别名 芋头、槟榔芋、毛芋

形态特征：块茎粗厚。叶 1~5，由块茎顶部抽出；叶片盾状，卵状箭形；佛焰苞管部长 4.5~7.5 cm，多少具纵棱，向上缢缩、变白色；檐部厚，金黄色；肉穗花序两性：基部雌花序，不育雄花序花黄色，顶部带紫色；雄花序雄花黄色，侧膜胎座 5，胚珠多数。花期 7~9 月。

生境与分布：各地均有栽培。日本也有，系引自我国。

主要用途：有散结消肿、祛风解毒的功效，主治乳痈、无名肿毒、荨麻疹、疔疮、口疮、烧烫伤。块茎可食。

大薸 *Pistia stratiotes*

科属 天南星科大薸属

别名 水浮萍、大萍叶、水荷莲、肥猪草

形态特征：水生漂浮草本。叶簇生成莲座状，叶片常因发育阶段不同而形异，如倒三角形、倒卵形、扇形，以至倒卵状长楔形，先端截头状或浑圆，基部厚，两面被毛，基部尤为浓密；叶脉扇状伸展，背面明显隆起成褶皱状；佛焰苞白色，长 0.5~1.2 cm，外被茸毛。花期 5~11 月。

生境与分布：原产于热带和亚热带的小溪或淡水湖中。我国长江以南各省区均有分布或栽培。

主要用途：入药可外敷无名肿毒，煮水可洗汗瘢，治疗血热作痒、跌打肿痛，煎水内服可通经，治疗水肿、小便不利、汗皮疹、臁疮、水蛊。全株可作猪饲料。为水田中常见的杂草。

浮萍科 Lemnaceae

浮萍 *Lemna minor*

科属 浮萍科浮萍属

别名 青萍、田萍、浮萍草、水浮萍

形态特征：漂浮植物。叶状体对称，表面绿色，背面浅黄色或绿白色或常为紫色，近圆形，倒卵形或倒卵状椭圆形，全缘；叶状体背面一侧具囊；雌花具弯生胚珠 1 枚，果实无翅，近陀螺状。

生境与分布：生长于池沼、水田、湖泊或静水中，常与紫萍混生。分布于我国南北各地。

主要用途：以带根全草入药，有发汗解表、透疹止痒、利尿消肿的功效，主治风热感冒、麻疹不透、风疹瘙痒、水肿、癃闭、疮癣、丹毒、烫伤。为良好的猪饲料、鸭饲料，也是草鱼的饵料。

紫萍 *Spirodela polyrhiza*

科属 浮萍科紫萍属

别名 紫背浮萍、水萍、鸭并草

形态特征：叶状体扁平，阔倒卵形，长5~8 mm，宽4~6 mm，先端钝圆，表面绿色，背面紫色，具掌状脉5~11条，根长3~5 cm；根基附近的一侧囊内形成圆形新芽，萌发后，幼小叶状体渐从囊内浮出，由一细弱的柄与母体相连。花未见，肉穗花序有2朵雄花和1朵雌花。

生境与分布：生于水田、水塘、湖湾、水沟，常与浮萍形成覆盖于水面的漂浮植物群落，产于南北各地。

主要用途：全草有宣散风热、透疹、利尿的功效，主治麻疹不透、风疹瘙痒、水肿尿少。也可作猪饲料，鸭也喜食，为放养草鱼的良好饵料。

鸭跖草科 Commelinaceae

鸭跖草 *Commelina communis*

科属 鸭跖草科鸭跖草属

别名 翠蝴蝶、耳环草、桂竹草

形态特征：一年生披散草本。茎匍匐生根，多分枝；叶披针形至卵状披针形；总苞片佛焰苞状，与叶对生，折叠状，展开后为心形；聚伞花序，下面一枝仅有花1朵，上面一枝具花3~4朵；花瓣深蓝色；内面2枚具爪，长近1 cm；蒴果。

生境与分布：常生于湿地。产于云南、四川、甘肃以东的南北各省区。

主要用途：为消肿利尿、清热解毒之良药，主治水肿、脚气、小便不利、感冒、丹毒、腮腺炎、黄疸肝炎、热痢、疟疾、鼻衄、尿血、血崩、白带、咽喉肿痛、痈疽疔疮、毒蛇咬伤等。此外对麦粒肿、扁桃体炎、宫颈糜烂有良好疗效。

水竹叶 *Murdannia triquetra*

科属 鸭跖草科水竹叶属

别名 细竹叶、高草鸡舌草、鸡舌癀

形态特征：多年生草本。根状茎具叶鞘，节间长约 6 cm；叶片竹叶形；花序通常仅有单朵花，顶生并兼腋生；花瓣粉红色、紫红色或蓝紫色，倒卵圆形；蒴果卵圆状三棱形。花期 9~10 月，果期 10~11 月。

生境与分布：生于海拔 1600 m 以下的水稻田边或湿地上。为广布种。

主要用途：有清热、利尿、消肿、解毒之功效，主治肺热喘咳、赤白下痢、小便不利、咽喉肿痛、痈疖疔肿。为稻田杂草。

雨久花科 Pontederiaceae

凤眼莲 *Eichhornia crassipes*

科属 雨久花科凤眼莲属

别名 水葫芦、凤眼蓝、水浮莲

形态特征：浮水草本，高 30~60 cm。叶在基部丛生，莲座状排列；叶片圆形、宽卵形或宽菱形；叶柄长短不等，中部膨大成囊状或纺锤形，内有气室；花葶从叶柄基部的鞘状苞片腋内伸出，多棱；穗状花序，花紫蓝色；雄蕊 6；花药箭形，蓝灰色，蒴果。花期 7~10 月，果期 8~11 月。

生境与分布：原产于巴西。现广布于我国长江、黄河流域及华南各省。

主要用途：有清热解毒、除湿、祛风热的功效，主治感冒发热、小便赤痛、风疹、疮疖红肿。本种还是监测环境污染的良好植物，它可监测水中是否有砷存在，还可净化水中汞、镉、铅等有害物质。

鸭舌草 *Monochoria vaginalis*

科属 雨久花科雨久花属

别名 水锦葵、水玉荷、野慈姑草

形态特征：水生草本，茎直立或斜上。叶基生和茎生；叶片形状和大小变化较大，由心状宽卵形、长卵形至披针形；叶柄基部扩大成开裂的鞘；总状花序，在花期直立，果期下弯；花通常 3~5 朵，蓝色；雄蕊 6；蒴果。花期 8~9 月，果期 9~10 月。

生境与分布：生于平原至海拔 1500 m 的稻田、沟旁、浅水池塘等水湿处。产于我国南北各省区。

主要用途：嫩茎和叶可作蔬食，也可作猪饲料。全草有清热解毒的功效，主治泄泻、痢疾、乳蛾、齿龈脓肿、丹毒，外用于蛇虫咬伤、疮疖。

梭鱼草 *Pontederia cordata*

科属 雨久花科梭鱼草属

别名 北美梭鱼草、海寿花

形态特征：多年生挺水或湿生草本植物，株高 80~150 cm。叶柄圆筒形，叶片较大，长可达 25 cm，宽可达 15 cm；叶形多变，大部分为倒卵状披针形；花葶直立；地茎叶丛生；穗状花序顶生，小花密集在 200 朵以上，蓝紫色带黄斑点，花被裂片 6 枚，裂片基部连接为筒状；果实褐色。花果期 5~10 月。

生境与分布：原产于北美洲，我国大部分地区有分布。

主要用途：为园林美化植物。

灯心草科 Juncaceae

翅茎灯心草 *Juncus alatus*

科属 灯心草科灯心草属

别名 翅灯心草、翅茎笄石菖

形态特征：多年生草本，高 11~48 cm。茎丛生，直立，两侧有狭翅，具不明显的横隔；叶基生或茎生；叶片扁平，线形花序由 7~27 个头状花序排列成聚伞状，花序分枝常 3 个；叶状总苞片长 2~9 cm；头状花序扁平；蒴果三棱状圆柱形；种子黄褐色，具纵条纹。花期 4~7 月，果期 5~10 月。

生境与分布：生于海拔 400~2300 m 的水边、田边、湿草地和山坡林下阴湿处。为广布种。

主要用途：茎髓及全草药用，可清心降火、利尿通淋。

灯心草 *Juncus effusus*

科属 灯心草科灯心草属

别名 灯芯草、龙须草、野席草

形态特征：多年生草本，高 27~91 cm。茎丛生，直立，圆柱形，具纵条纹，茎内充满白色的髓心；叶全部为低出叶，呈鞘状或鳞片状，包围在茎的基部；叶片退化为刺芒状；聚伞花序假侧生，含多花；花淡绿色；雄蕊 3；柱头 3 分叉；蒴果。花期 4~7 月，果期 6~9 月。

生境与分布：生于海拔 1650~3400 m 的河边、池旁、水沟、稻田旁、草地及沼泽湿处。产于我国大部分地区。

主要用途：其茎髓或全草入药。有清心降火、利尿通淋的功效，主治淋病、水肿、小便不利、湿热黄疸、心烦不寐、小儿夜啼、喉痹、创伤等症。

细灯心草 *Juncus gracillimus*

科属 灯心草科灯心草属

别名 细灯芯草

形态特征：多年生常绿草本，簇生。茎高 25~75 cm，圆柱形或压扁，具纵沟棱，中空，有基生叶和茎生叶，叶线形，有叶耳；复聚伞花序或由少数至多朵小花集成头状花序；头状花序单生于茎顶或由多个小头状花序组成聚伞、圆锥状等复花序；花被片 6 枚，2 轮；雄蕊 6；蒴果卵状球形。

生境与分布：通常生长在草甸、沼泽、水边及阴湿的环境中。广泛分布于世界各地。

主要用途：有清心降火、利尿通淋的功效，主治淋病、水肿、小便不利、湿热黄疸、心烦不寐、小儿夜啼、喉痹、创伤。

野灯心草 *Juncus setchuensis*

科属 灯心草科灯心草属

别名 灯草、灯芯草、龙须草

形态特征：多年生草本。茎丛生，直立，圆柱形，有较深而明显的纵沟，茎内充满白色髓心；叶全部为低出叶；叶片退化为刺芒状；聚伞花序假侧生；花多朵排列紧密或疏散；花淡绿色；雄蕊 3；蒴果。花期 5~7 月，果期 6~9 月。

生境与分布：生于海拔 800 m 的山沟、林下阴湿地、溪旁、道旁的浅水处。产于我国大部分地区。

主要用途：茎髓有利尿通淋、泄热安神的功效，主治小便不利、热淋、水肿、小便涩痛、心烦失眠、鼻衄、目赤、齿痛、血崩。

百合科 Liliaceace

薤白 *Allium macrostemon*

科属 百合科葱属

别名 胡葱、胡蒜、山韭菜、山蒜

形态特征：鳞茎近球状，基部常具小鳞茎；鳞茎外皮带黑色，纸质或膜质。叶3~5枚，半圆柱状，中空，上面具沟槽；花葶圆柱状，高30~70 cm；伞形花序半球状至球状，具多而密集的花，或间具珠芽或有时全为珠芽；花淡紫色或淡红色。花果期5~7月。

生境与分布：生于海拔1500 m以下的山坡、丘陵、山谷或草地上。除新疆、青海外，全国各省区均有分布。

主要用途：鳞茎作药用，具有理气、宽胸、通阳、散结、导滞的功效，主治胸痹心痛彻背、脘痞不舒、干呕、泻痢后重、疮疖。鳞茎也可作蔬菜食用，在少数地区已有栽培。

韭 *Allium tuberosum*

科属 百合科葱属

别名 起阳草、野韭菜、壮阳草、韮菜子

形态特征：根状茎。鳞茎簇生，近圆柱状；鳞茎外皮暗黄色至黄褐色，破裂成纤维；叶条形；花葶圆柱状，常具2纵棱；总苞单侧开裂，或2~3裂，宿存；伞形花序；花白色；子房倒圆锥状球形，外壁具细的疣状突起。花果期7~9月。

生境与分布：原产于亚洲东南部。现在世界上已普遍栽培。

主要用途：叶、花葶和花均可作蔬菜食用。种子入药，有温补肝肾、暖腰膝、壮阳固精的功效，主治阳痿梦遗、小便频数、遗尿、腰膝酸软冷痛、泄泻、带下病。

山文竹 *Asparagus acicularis*

科属 百合科天门冬属

别名 芦笋、石刁柏、山文竹

形态特征：攀缘植物，长可达 1 m 以上。茎和分枝不具纵凸纹或棱；叶状枝通常每 3~7 枚成簇，近针状；茎上的鳞片状叶基部有长 4~6 mm 的硬刺；雄花每 2 朵腋生，很小，绿白色；花被球形；浆果。花果期 6~11 月。

生境与分布：生于海拔 80~140 m 的草地、湖边或灌丛中。原产于亚洲和欧洲。江西、湖南、湖北、广东和广西有分布。

主要用途：以根入药，具有润肺镇咳、祛痰杀虫的功效。主治肺热咳嗽、淋巴结结核、水肿、小便不利、疳虫、疥癣等。浆果橘红色，具有良好的观赏价值。

文竹 *Asparagus setaceus*

科属 百合科天门冬属

别名 云片竹、云竹、刺文竹

形态特征：攀缘植物。茎的分枝极多；叶状枝，通常每 10~13 枚成簇，刚毛状；鳞片状叶基部稍具刺状距或距不明显；花通常每 1~4 朵腋生，白色；浆果紫黑色。花期 9~10 月，果期冬季至翌年春季。

生境与分布：原产于南非，在我国有广泛栽培。

主要用途：全草入药，性苦、寒，有凉血解毒、利尿通淋的功效，主治阴虚肺燥、咳嗽、咯血、小便淋沥、肺结核、急性支气管炎、阿米巴痢疾。常作盆栽观叶植物或作为切花材料。

绵枣儿 *Barnardia japonica*

科属 百合科绵枣儿属

别名 天蒜

形态特征：鳞茎卵形或近球形，鳞茎皮黑褐色；基生叶通常 2~5 枚，狭带状；花葶通常比叶长；总状花序长 2~20 cm，具多数花；花紫红色、粉红色至白色，较小；雄蕊生于花被片基部；子房 3 室；果近倒卵形；种子黑色。花果期 7~11 月。

生境与分布：生于海拔 2600 m 以下的山坡、草地、路旁或林缘。产于我国东北、华北、华中等地区。

主要用途：鳞茎或全草入药，有活血解毒、消肿止痛的功效，主治跌打损伤、腰腿疼痛、筋骨痛、牙痛、心脏病引起的水肿，外用于痈疽、乳痈、毒蛇咬伤。

黄花菜

Hemerocallis citrina

科属 百合科萱草属

别名 金针菜、萱草花、健脑菜、安神菜

形态特征：植株一般较高大。叶 7~20 枚，长 50~130 cm，宽 6~25 mm；苞片披针形；花多朵，最多可达 100 朵以上；花被淡黄色，有时在花蕾时顶端带黑紫色；花被管长 3~5 cm；蒴果钝三棱状椭圆形，长 3~5 cm。花果期 5~9 月。

生境与分布：我国南北各地均有栽培，多分布于我国秦岭以南，湖南、江苏、浙江、湖北、四川、甘肃、陕西、吉林、广东与内蒙古等地。

主要用途：可作蔬菜用，具观赏性。药用，其性味甘凉，有止血、消炎、清热、利湿等功效，对吐血、大便带血、小便不通、失眠、乳汁不下等有疗效，可作为病后或产后的调补品。

萱草 *Hemerocallis fulva*

科属　百合科萱草属

别名　野黄花菜、黄花萱草、金针菜

形态特征：叶一般较宽；花早上开晚上凋谢，橘红色至橘黄色，内花被裂片下部一般有Λ形彩斑；花葶细长坚挺，高60~100 cm，花6~10朵，呈顶生聚伞花序，花大，漏斗形，内部颜色较深。花果期为5~7月。

生境与分布：原产于中国、西伯利亚、日本和东南亚。我国各地常见栽培，秦岭以南各省区有野生的。

主要用途：叶有利湿热、宽胸、消食的功效，主治胸膈烦热、黄疸、小便赤涩。根有清热利尿、凉血止血的功效，主治腮腺炎、黄疸、膀胱炎、尿血、小便不利、乳汁缺乏、月经不调、衄血、便血。苗花有除酒疸、消食、利湿热的功效，主治小便赤涩、身体烦热。为观赏花卉。

紫萼 *Hosta ventricosa*

科属　百合科玉簪属

别名　紫玉簪、紫萼玉簪、玉棠花

形态特征：叶卵状心形、卵形至卵圆形。花葶高60~100 cm，具10~30朵花；苞片矩圆状披针形，白色，膜质；花单生，紫红色；雄蕊伸出花被之外，完全离生；蒴果圆柱状，有三棱。花期6~7月，果期7~9月。

生境与分布：生于林下、草坡或路旁，海拔500~2400 m。产于我国大部分地区。

主要用途：各地常见栽培，可供观赏。紫萼有散瘀止痛、解毒的功效，主治跌打损伤、胃痛。

风信子 *Hyacinthus orientalis*

科属 百合科风信子属

别名 凤信子、五色水仙、洋水仙

形态特征：多年生草本球根类植物。鳞茎卵形，有膜质外皮，皮膜颜色与花色成正相关；未开花时形如大蒜；叶 4~8 枚，狭披针形，肉质；花茎肉质，总状花序顶生，小花 10~20 朵密生于上部，漏斗形，花被筒形，上部四裂，有紫、玫瑰红、粉红、黄、白、蓝等色，芳香，蒴果。自然花期 3~4 月。

生境与分布：原产于欧洲（南部）、中亚、西亚，世界各地有广泛栽培。

主要用途：为著名球根花卉之一。有滤尘作用，花香有稳定情绪、消除疲劳的功效。花除供观赏外，还可提取芳香油。

阔叶山麦冬 *Liriope muscari*

科属 百合科山麦冬属

别名 阔叶麦冬

形态特征：根细长，分枝多。叶密集成丛，革质，花葶通常长于叶；总状花序长（12）25~40 cm，具许多花；苞片小，近刚毛状；子房近球形，花柱长约 2 mm，柱头三齿裂；种子黑紫色。花期 7~8 月，果期 9~11 月。

生境与分布：生于海拔 100~1400 m 的山地，山谷的疏、密林下或潮湿处。为广布种。

主要用途：有补肺养阴、养胃生津的功效。为观赏植物。

多花黄精 *Polygonatum cyrtonema*

科属 百合科黄精属

别名 山捣臼、山姜

形态特征：草本，根状茎肥厚。茎高 50~100 cm；叶互生，椭圆形、卵状披针形至矩圆状披针形；花序具 1~14 朵花，伞形，总花梗长 1~6 cm，花梗长 0.5~6 cm；花被黄绿色；浆果黑色。花期 5~6 月，果期 8~10 月。

生境与分布：生于林下、灌丛或山坡阴处，海拔 500~2100 m。产于我国四川、贵州、湖南、湖北、河南、江西、安徽、江苏、浙江、福建、广东、广西。

主要用途：可入药，亦可作园林植物。本种全株嫩绿色，花多，略下垂，绿白色，宜植于林下、树丛中、庭园角隅或建筑物背阴处。

吉祥草 *Reineckia carnea*

科属 百合科吉祥草属

别名 小叶万年青、竹根七、蛇尾七

形态特征： 茎粗 2~3 mm，蔓延于地面，顶端的叶簇生；叶每簇有 3~8 枚，条形至披针形；花葶长 5~15 cm；穗状花序长 2~6.5 cm，上部的花有时仅具雄蕊；苞片长 5~7 mm；花芳香，粉红色；雄蕊短于花柱；花柱丝状；浆果，熟时鲜红色。花果期 7~11 月。

生境与分布： 生于阴湿山坡、山谷或密林下，海拔 170~3200 m。为广布种。

主要用途： 全草入药，有润肺止咳、清热利湿、祛风、接骨之功效，主治肺结核、咳嗽咯血、慢性支气管炎、哮喘、风湿性关节炎、肺热咳嗽、吐血、衄血、便血、疮毒、目赤、疳积，外用于跌打损伤、骨折。可栽培供观赏。

菝葜 *Smilax china*

科属 百合科菝葜属

别名 金刚刺、乌鱼刺、铁菱角

形态特征： 攀缘灌木。根状茎粗厚，坚硬，为不规则的块状，疏生刺；叶薄革质或坚纸质，几乎都有卷须；伞形花序；花序托稍膨大，具小苞片；花绿黄色，雄花中花药比花丝稍宽，常弯曲；浆果，熟时红色。花期 2~5 月，果期 9~11 月。

生境与分布： 生于海拔 2000 m 以下的林下、灌丛中、路旁、河谷或山坡上。为广布种。

主要用途： 根状茎可以提取淀粉和栲胶，或用来酿酒。有祛风利湿、解毒消痈的功效，主治风湿痹痛、痈肿疮毒、淋浊、带下病、泄泻、痢疾等。叶捣烂外敷可治恶疮。菝葜果色红艳，可攀附岩石、假山，作观赏之用。

凤尾丝兰 *Yucca gloriosa*

科属 百合科丝兰属

别名 波罗花、凤尾兰、剑麻

形态特征：株高 50~150 cm，具茎，有时分枝。叶密集，螺旋状排列于茎端，质坚硬，有白粉，剑形，长 40~70 cm，顶端硬尖，边缘光滑，老叶有时具疏丝；圆锥花序高 1 m，花大而下垂，乳白色，常带红晕；蒴果干质，下垂，椭圆状卵形，不开裂。花期 6~10 月。

生境与分布：原产于北美洲东部及东南部。温暖地区有广泛栽培。

主要用途：为观赏绿化植物。

石蒜科 Amaryllidaceae

垂笑君子兰 *Clivia nobilis*

科属 石蒜科君子兰属

别名 君子兰、垂笑君兰

形态特征：多年生草本。茎基部宿存的叶基呈鳞茎状；基生叶有十几枚，质厚，具光泽，带状；根为肉质；花茎由叶丛中抽出，稍短于叶；伞形花序顶生，多花，花开时下垂似低头微笑而得名；花被狭漏斗形，黄或橘黄色；叶形似剑，互生排列。花期6~7月，果期10月左右。

生境与分布：原产于非洲南部，我国引种栽培供观赏。

主要用途：为观赏花卉。

朱顶红 *Hippeastrum rutilum*

科属 石蒜科孤挺花属

别名 对红、柱顶红、孤挺花、百枝莲

形态特征：多年生草本植物，鳞茎肥大，近球形。叶片两侧对生，带状；花茎中空，高约40 cm，宽约2 cm，具有白粉；花2~4朵；佛焰苞状总苞片披针形；花被管绿色；总花梗顶端着花2~6朵，花喇叭形；雄蕊6，花丝红色。花期夏季。

生境与分布：原产于秘鲁和巴西一带，各国均有广泛栽培。

主要用途：具有活血解毒、散瘀消肿之功效，主治各种无名肿毒、跌打损伤、瘀血红肿疼痛等。朱顶红叶厚有光泽，花色柔和艳丽，花朵硕大肥厚，观赏性强。

夏雪片莲 *Leucojum aestivum*

科属 石蒜科雪片莲属

别名 夏十样锦、雪片莲、雪铃花、铃兰

形态特征：鳞茎卵圆形，直径 2.5~3.5 cm；基生叶数枚，绿色，宽线形，长 30~50 cm，宽 1~1.5 cm，钝头；伞形花序有花 3 至数朵，有时仅 1 朵，下有佛焰苞状总苞片 1 枚；花下垂；花被片长约 1.5 cm，白色，顶端有绿点；花柱长于雄蕊；蒴果近球形。花期春季。

生境与分布：原产于欧洲中部及南部。我国引种栽培供观赏。

主要用途：植物花形十分美丽动人，具观赏性。

石蒜 *Lycoris radiata*

科属 石蒜科石蒜属

别名 老鸦蒜、龙爪花、鼻血花、避蛇生

形态特征：鳞茎近球形。秋季出叶，叶狭带状；花茎高约 30 cm；总苞片 2 枚，披针形；伞形花序有花 4~7 朵；花鲜红色；花被裂片狭倒披针形，强度皱缩和反卷；雄蕊显著伸出花被外，比花被长 1 倍左右。花期 8~9 月，果期 10 月。

生境与分布：野生于阴湿山坡和溪沟边的石缝处，庭园也有栽培。为广布种。

主要用途：有解毒、祛痰、利尿、催吐、杀虫等功效，但有少毒，主治咽喉肿痛、痈肿疮毒、瘰疬、肾炎水肿、毒蛇咬伤、咳嗽痰喘、食物中毒等；石蒜碱具一定抗癌活性。

紫娇花 *Tulbaghia violacea*

科属 石蒜科紫娇花属

别名 野蒜、非洲小百合

形态特征：鳞茎肥厚，呈球形，直径达 2 cm，具白色膜质叶鞘；叶长约 30 cm，宽约 5 mm，叶鞘长 5~20 cm；花茎直立，高 30~60 cm，伞形花序球形，具多数花，花被粉红色，花被片卵状长圆形，背脊紫红色；雄蕊较花被长，着生于花被基部。花期 5~7 月。

生境与分布：原产于南非。喜光，栽培处全日照、半日照均理想，但不宜庇荫。现我国已引种栽培。

主要用途：为观赏花卉。

葱莲 *Zephyranthes candida*

科属 石蒜科葱莲属

别名 玉帘、葱兰

形态特征：多年生草本。鳞茎卵形；叶狭线形，肥厚。花茎中空；花单生于花茎顶端，下有带褐红色的佛焰苞状总苞；花白色，外面常带淡红色；花被片 6；雄蕊 6，花柱细长；蒴果，3 瓣开裂；种子黑色。花期秋季。

生境与分布：原产于美洲，我国栽培广泛。

主要用途：主治小儿惊风、羊癫疯。栽培供观赏。

韭莲 *Zephyranthes carinata*

科属 石蒜科葱莲属

别名 风雨花

形态特征：多年生草本。鳞茎卵球形；基生叶常数枚簇生；花单生于花茎顶端，下有佛焰苞状总苞，总苞片常带淡紫红色，下部合生成管；花玫瑰红色或粉红色；花被管长 1~2.5 cm，花被裂片 6；雄蕊 6，花药丁字形着生；子房下位；蒴果近球形。花期夏秋。

生境与分布：原产于墨西哥南部至危地马拉，我国南北各地庭园都有引种栽培，贵州、广西、云南常见逸生。

主要用途：全草及鳞茎入药，有散热解毒、活血凉血的功效，主治跌伤红肿、毒蛇咬伤、吐血、血崩。为常见观赏花卉。

薯蓣科 Dioscoreaceae

薯蓣 *Dioscorea polystachya*

科属 薯蓣科薯蓣属

别名 山药、山芋、山薯、淮山药

形态特征：多年生草质缠绕藤本。叶片形状多变，通常为三角状卵形或耳状 3 裂，叶腋间常生 1~3 个珠芽；地下具圆柱形肉质块茎，分为棍棒状、掌状和块状三类；花单性，雌雄异株，夏季开乳白色花；雄蕊 6；雌花序 1~3 个生于叶腋；蒴果三棱状扁圆形。花期 6~9 月，果期 7~11 月。

生境与分布：常生长于海拔 350~1100 m 的山坡、山谷林下、路旁的灌丛中、溪边及杂草中。分布于我国华北、西北，以及长江流域的江西、湖北、湖南、江苏等地区。

主要用途：山药具有健脾、补肺、固肾、益精等多种功效，滋补作用甚佳。产自湖北蕲春、武穴、黄梅北部山区的山药称“佛手山药”，状似手掌或马蹄，淀粉含量丰富，其中“武穴佛手山药”获得了国家农产品地理标志认证。

鸢尾科 Iridaceae

射干

Belamcanda chinensis

科属 鸢尾科射干属

别名 扁菊、扁竹、扁竹兰

形态特征：叶互生，嵌迭状排列，剑形，基部鞘状抱茎；花序顶生，叉状分枝，每一分枝的顶端聚生有数朵花；花橙红色；花被裂片 6，2 轮排列；雄蕊 3；子房下位，3 室；蒴果倒卵形或长椭圆形，成熟时室背开裂，果瓣外翻。花期 6~8 月，果期 7~9 月。

生境与分布：生于林缘或山坡草地。分布于全世界的热带、亚热带及温带地区。

主要用途：主治感受风热或痰热壅盛所致的咽喉肿痛等症。花形飘逸，适于观赏。

蝴蝶花 *Iris japonica*

科属 鸢尾科鸢尾属

别名 扁担、扁竹叶、扁竹

形态特征：根状茎粗壮，二歧分枝；叶基生，黄绿色，稍弯曲，中部略宽，宽剑形；花茎光滑；苞片 2~3 枚，绿色，草质；花蓝紫色；花被管细长，上端膨大成喇叭形，外花被裂片圆形或宽卵形，花盛开时向外平展，爪部突然变细；蒴果，成熟时自上而下 3 瓣裂。花期 4~5 月，果期 6~8 月。

生境与分布：生于海拔 800~1800 m 的灌木林缘、阳坡地及水边湿地。为广布种。

主要用途：有活血祛瘀、祛风利湿、解毒、消积的功效，主治跌打损伤、风湿疼痛、咽喉肿痛、食积腹胀、疟疾，外用可治痈疖肿毒、外伤出血。为重要花卉之一。该物种为中国植物图谱数据库收录的有毒植物，其毒性为全草有毒，以根茎和种子毒性较大，尤以新鲜的根茎更甚。

鸢尾 *Iris tectorum*

科属 鸢尾科鸢尾属

别名 蓝蝴蝶、扁雀、大白解

形态特征：多年生草本。叶基生花茎高 20~40 cm；苞片 2~3 枚，草质；花蓝紫色；花被管细长，上端膨大成喇叭形；花药鲜黄色，子房纺锤状圆柱形；蒴果。花期 4~5 月，果期 6~8 月。

生境与分布：生于灌木林缘、阳坡地及水边湿地。产于我国大部分地区。

主要用途：根状茎有活血祛瘀、祛风利湿、解毒、消积的功效，主治跌打损伤、风湿疼痛、咽喉肿痛、食积腹胀、疟疾，外用于痈疖肿痛、外伤出血。为重要的花卉。

芭蕉科 Musaceae

芭蕉 *Musa basjoo*

科属 芭蕉科芭蕉属

别名 芭蕉根、芭蕉头、板甘蕉

形态特征：多年生草本植物，植株高 2.5~4 m。叶片长圆形，长 2~3 m，宽 25~30 cm；花序顶生，下垂；苞片红褐色或紫色；雄花生于花序上部，雌花生于花序下部；雌花在每一苞片内有 10~16 朵，排成 2 列；合生花被；浆果三棱状，肉质；种子黑色。

生境与分布：生于海拔 500~800 m 的河谷、村边及山坡林缘。多产于亚热带地区。

主要用途：假茎煎服能解热，假茎、叶利尿，花干燥后煎服可治脑溢血，根可治感冒、胃痛及腹痛。叶纤维为芭蕉布的原料，亦为造纸原料。

姜科 Zingiberaceae

姜 *Zingiber officinale*

科属 姜科姜属

别名 生姜、白姜、川姜

形态特征：多年生宿根草本。根茎肥厚，多分枝，有芳香及辛辣味；叶片披针形或线状披针形，长 15~30 cm，宽 2~2.5 cm；穗状花序球果状，苞片卵形；花冠黄绿色；雄蕊暗紫色，花药长约 9 mm；药隔附属体钻状。花期为秋季。

生境与分布：原产于印度和东南亚。亚洲热带地区亦常见栽培。

主要用途：根茎鲜品或干品可以作为调味品。根茎供药用，干姜主治心腹冷痛、吐泻、肢冷脉微、寒饮喘咳、风寒湿痹。

美人蕉科 Cannaceae

大花美人蕉 *Canna generalis*

科属 美人蕉科美人蕉属

别名 美人蕉、鸳鸯美人蕉、法国美人蕉

形态特征：株高约 1.5 m，茎、叶和花序均被白粉。叶片椭圆形，长达 40 cm，宽达 20 cm；总状花序顶生；花大，比较密集，每一苞片内有花 1~2 朵；花冠管长 5~10 mm，花冠裂片披针形；外轮退化雄蕊 3；橘红、淡黄、白色均有；发育雄蕊披针形，子房球形；花柱带形。花期为秋季。

生境与分布：大花美人蕉为法国美人蕉的总称，原种分布于美洲热带。我国各地常见栽培。

主要用途：具清热利湿、止血、解毒的功效，主治急性黄疸型肝炎、白带过多、跌打损伤、疮疡肿毒、子宫出血、外伤出血。为园艺杂交品种，花大而美，颜色多种，常供观赏。

兰科 Orchidaceae

无柱兰 *Amitostigma gracile*

科属 兰科无柱兰属

别名 细萼无柱兰、小雏兰、合欢山兰

形态特征：植株高 7~30 cm。茎直立或近直立，近基部具 1 枚大叶；叶片狭长圆形、长圆形、椭圆状长圆形或卵状披针形；总状花序具 5 至 20 余朵花；花小，粉红色或紫红色；唇瓣较萼片和花瓣大；蕊柱极短，直立；退化雄蕊 2 个。花期 6~7 月，果期 9~10 月。

生境与分布：生于海拔 180~3000 m 的山坡沟谷边，林下阴湿处覆有土的岩石上或山坡灌丛下。产于我国大部分地区。

主要用途：块茎、全草入药，有解毒、消肿、止血的功效，主治跌打损伤、吐血、毒蛇咬伤、无名肿毒。可作观赏。

蝴蝶兰 *Phalaenopsis aphrodite*

科属 兰科蝴蝶兰属

别名 蝶兰、台湾蝴蝶兰

形态特征：茎很短，常被叶鞘所包。叶片稍肉质；花序侧生于茎的基部，长达 50 cm；花序轴紫绿色，多少回折状；花苞片卵状三角形；花白色，美丽，花期长；花瓣菱状圆形；唇瓣 3 裂；蕊柱粗壮，长约 1 cm，具宽的蕊柱足；花粉团 2 个，近球形。花期 4~6 月。

生境与分布：原产于亚洲。在我国台湾和泰国、菲律宾、马来西亚、印度尼西亚等地都有分布。其中以我国台湾出产最多。

主要用途：其花姿优美，颜色华丽，为热带兰中的珍品，有“兰中皇后”之美誉。

绶草 *Spiranthes sinensis*

科属 兰科绶草属

别名 盘龙参、龙抱柱、红龙盘柱、盘龙箭

形态特征：植株高 13~30 cm。茎较短，近基部生 2~5 枚叶；叶片宽线形或宽线状披针形，极罕为狭长圆形；总状花序，呈螺旋状扭转；花小，紫红色、粉红色或白色；花瓣斜菱状长圆形；唇瓣宽长圆形。花期 7~8 月。

生境与分布：生于海拔 200~3400 m 的山坡林下、灌丛下、草地或河滩沼泽草甸中。产于我国各省区。

主要用途：全草具滋阴、退火、涩精等功效，主治咽喉肿痛、肾脏炎、糖尿病、疮疡痈肿等症，还是一种疗效很好的抗癌药物。花形别致奇特，是很好的观赏植物。

拉丁名索引

O

R

S

T

中文名索引

参 考 文 献

[1] 陈耀东，马欣堂，杜玉芬，冯旻，李敏 . 中国水生植物 [M]. 郑州：河南科学技术出版社，2012.

[2] 刁正俗 . 中国水生杂草 [M]. 重庆：重庆出版社，1990.

[3] 傅书遐 . 湖北植物志（第 1~4 卷）[M]. 武汉：湖北科学技术出版社，2002.

[4] 国家环境保护局，中国科学院植物研究所 . 中国珍稀濒危保护植物名录 (第一册) [M]. 北京：科学出版社，1987.

[5] 蒋志刚，樊恩源 . 关于物种濒危等级标准之探讨——对 IUCN 物种濒危等级的思考 [J]. 生物多样性，2003，11:383-392.

[5] 李伟，刘贵华，周进，黄德世 . 淡水湿地种子库研究综述 [J]. 生态学报，2002，22:395-402.

[6] 刘虹 . 大别山地区典型植物图鉴 [M]. 武汉 : 华中科技大学出版社，2011.

[7] 雷昆，张明祥 . 中国的湿地资源及其保护建议 [J]. 湿地科学，2005，3:81-85.

[8] 马克平，钱迎倩，王晨 . 生物多样性研究的现状与发展趋势 [J]. 科学导报，1995，1:27-30.

[9] 田兴军 . 生物多样性及其保护生物学 [M]. 北京 : 化学工业出版社，2005.

[10] 于永福 . 中国野生植物保护工作的里程碑 [J]. 植物杂志，1999，(5):30-32.

[11] 赵家荣，刘艳玲 . 水生植物图鉴 [M]. 武汉：华中科技大学出版社，2009.

[12] 中国科学院植物研究所 . 中国高等植物图鉴（第一册）[M]. 北京 : 科学出版社，1972.

[13] 中国科学院植物研究所 . 中国高等植物图鉴（第二册）[M]. 北京 : 科学出版社，1972.

[14] 中国科学院植物研究所 . 中国高等植物图鉴（第三册）[M]. 北京 : 科学出版社，1974.

[15] 中国科学院植物研究所 . 中国高等植物图鉴（第四册）[M]. 北京 : 科学出版社，1975.

[16] 中国科学院植物研究所 . 中国高等植物图鉴（第五册）[M]. 北京 : 科学出版社，1976.

[17] 中国科学院植物研究所 . 中国高等植物图鉴（补编第一册）[M]. 北京 : 科学出版社，1982.

[18] 中国科学院植物研究所 . 中国高等植物图鉴（补编第二册）[M]. 北京 : 科学出版社，1983.

[19] 中国科学院武汉植物研究所 . 中国水生维管束植物图谱 [M]. 武汉 : 湖北人民出版社，1983.

[20] 中国科学院中国植物志编辑委员会 . 中国植物志（全套）[M]. 北京 : 科学出版社，1994.

[21] 贾敏如，李星炜 . 中国民族药志要 [M]. 北京 : 中国医药科技出版社，2005.

[22] 中国药材公司 . 中国中药资源志要 [M]. 北京 : 科学出版社，1994.